DK 621.831:389.6

FORSCHUNGSBERICHTE
DES LANDES NORDRHEIN-WESTFALEN

Herausgegeben durch das Kultusministerium

Nr. 894

Baudirektor Dr.-Ing. Wolfram Lindner

Staatliche Ingenieurschule für Maschinenwesen, Hagen
Bearbeitet im Auftrage des Forschungsinstituts für Rationalisierung, Aachen

## Vorschlag zur Vereinheitlichung der Hauptabmessungen an handelsüblichen Zahnradgetrieben

Als Manuskript gedruckt

WESTDEUTSCHER VERLAG / KÖLN UND OPLADEN

1960

ISBN 978-3-663-03897-9        ISBN 978-3-663-05086-5 (eBook)
DOI 10.1007/978-3-663-05086-5

## Gliederung

Einleitung . . . . . . . . . . . . . . . . . . . . . . . . . . . . . S. 5

Grundbegriffe der Zahnradgetriebe . . . . . . . . . . . . . . . . . S. 9

   I. Stirnradgetriebe (S-Getriebe) . . . . . . . . . . . . . . . S. 13

      1. Das Istufige S-Getriebe . . . . . . . . . . . . . . . . . . S. 13

         a) Getriebe mit ungehärteten Zahnrädern . . . . . . . . S. 13

         b) Getriebe mit gehärteten Zahnrädern . . . . . . . . . S. 26

      2. Das IIstufige S-Getriebe . . . . . . . . . . . . . . . . . S. 32

         a) Allgemeines . . . . . . . . . . . . . . . . . . . . . S. 32

         b) Versetzte Getriebe mit ungehärteten Zahnrädern . . . S. 32

         c) Versetzte Getriebe mit gehärteten Zahnrädern . . . . S. 34

         d) Gleichachsige Getriebe mit gehärteten Zahnrädern . . S. 43

      3. Das IIIstufige Getriebe mit ungehärteten und gehärteten Zahnrädern . . . . . . . . . . . . . . . . . . . . . . . . S. 48

      4. Vergleich der Ausführungen verschiedener S-Getriebe . . S. 54

  II. Kegelradgetriebe (K-Getriebe) . . . . . . . . . . . . . . . S. 58

      1. Das Istufige K-Getriebe . . . . . . . . . . . . . . . . . . S. 58

      2. Das IIstufige K-Getriebe . . . . . . . . . . . . . . . . . S. 65

      3. Das IIIstufige K-Getriebe . . . . . . . . . . . . . . . . . S. 69

 III. Getriebeblätter, Zusammenstellung der vereinheitlichten Abmessungen . . . . . . . . . . . . . . . . . . . . . . . . . S. 74

## Einleitung

Mehr und mehr verdichten sich die Nachrichten aus dem Osten, daß die Sowjetunion dazu übergeht, die Satellitenstaaten mit ihrem eigenen Wirtschaftssystem stärker zu verflechten. Zu diesem Zweck wurden ganze Industriezweige von Moskau her zentral gesteuert und über die Ländergrenzen hinweg jedem Land ganz bestimmte Fertigungsprogramme zugeteilt. Dies gilt nicht nur für den allgemeinen Maschinenbau, dem aus Exportgründen im Hinblick auf die Entwicklungsländer grössere Bedeutung geschenkt wird. Einer besonderen Förderung erfreut sich neuerdings die Herstellung von Werkzeugmaschinen, die nicht nur für den Eigenbedarf, sondern auch für den Weltmarkt produziert werden sollen. Dies geht aus einem kürzlich erschienenen OEEC-Bericht eindeutig hervor, der die westliche Industrie einschließlich der USA davor warnt, die Dinge wie bisher weiter treiben zu lassen. Der Planlosigkeit und Mannigfaltigkeit der freien Welt auf vielen Gebieten der Gütererzeugung wird die Zielstrebigkeit und straffe Lenkung der östlichen Machthaber gegenübergestellt. Diese schrecken nicht davor zurück, über die Ländergrenzen hinweg jedem einzelnen Industriebetrieb vorzuschreiben, welche Erzeugnisse er herstellen darf und welche nicht. So entsteht allmählich eine supranationale Arbeitsteilung von gigantischen Ausmaßen, der wir nichts Gleichwertiges entgegen zu setzen haben und die auf die Dauer unsere gesamte wirtschaftliche Existenz bedroht.

Gestützt auf eine derartige weitgreifende Organisation bzw. Spezialisierung und Koordinierung ganzer Industriezweige dürfte der Ostblock in nicht allzu ferner Zeit in der Lage sein, durch Auflagen bisher unvorstellbarer Stückzahlen sehr billig zu produzieren. Ob dann noch der Westen imstande sein wird, sich gegenüber einer solchen Unterbietung der Weltmarktpreise zu behaupten, erscheint mehr als fraglich. Jedenfalls sieht unser Gewährsmann als Verfasser des eingangs erwähnten OEEC-Berichtes darin eine drohende Gefahr, der zu begegnen er nicht nur die europäische, sondern auch die amerikanische Werkzeugmaschinenindustrie aufruft.

Ganz ähnliche Erwägungen haben Pate gestanden, als die Arbeitsgemeinschaft für Rationalisierung des Landes Nordrhein-Westfalen sich entschloß, auf einem dem Maschinenbau sehr verwandten Gebiete die technische Entwicklung voranzutreiben. Gemeint sind häufig wiederkehrende Bauteile, die als Elemente des Maschinenbaus immer wieder gebraucht und daher in der Regel serienmäßig hergestellt werden. Hierunter fallen in erster

Linie Wellen und Achsen, Wälz- und Gleitlager, Kupplungen, Zahnräder und sonstige Antriebselemente. Aber auch daraus zusammengesetzte Konstruktionen, insbesondere Zahnradgetriebe, gehören dazu. Man sollte annehmen, daß sich die Normung dieser ausgesprochenen Wiederholteile besonders angenommen hätte mit dem Ziel, sie durch Festlegung aller Einzelheiten zu vereinheitlichen. Was die Zahnradgetriebe anbetrifft, ist dem leider nicht so, wenigstens soweit die Deutsche Bundesrepublik in Betracht kommt. Jenseits des eisernen Vorhanges hat man längst die einzig richtige Konsequenz gezogen, indem schon vor mehr als Jahresfrist sogenannte Standards in Form von TGL-Blättern herausgekommen sind, die alle erforderlichen Einzelheiten über ein- bzw. mehrstufige Zahnradgetriebe enthalten und mittlerweile für verbindlich erklärt wurden.

Aus unverständlichen Gründen hat es die Hersteller-Industrie hierzulande immer wieder abgelehnt, ihre Erzeugnisse einer durchgreifenden Vereinheitlichung bzw. Typenbeschränkung zu unterwerfen. So ist bei uns die Normung der Zahnradgetriebe bisher über ein gewisses Vorstadium nicht hinausgekommen, das bei weitem nicht ausreicht, um eine wirtschaftlich optimale Fertigung in entsprechenden Losgrößen zu gewährleisten. Der Stand der Arbeiten wird am besten dadurch ersichtlich, daß z.Zt. noch nicht einmal die wichtigsten Grundlagen wie Übersetzungen und Leistungsstufen nach DIN festliegen.

Daher weisen die von den Herstellerfirmen gefertigten Zahnradgetriebe in ihren Hauptabmessungen so große Unterschiede auf, daß der Austausch eines Getriebes von bestimmter Leistung und Drehzahl einer Herstellerfirma gegen das einer anderen nicht möglich ist. Da die Einbau- sowie die Anschlußmaße für die zugehörigen Kupplungen mehr oder weniger große Unterschiede aufweisen, müssen die Benutzer für jede Type eine kostspielige Lagerhaltung in Ersatzteilen in Kauf nehmen.

Im übrigen wirkt sich dieser Typenwirrwarr deshalb besonders störend aus, weil in vielen Fällen Getriebe nicht direkt von den Herstellern geliefert werden, sondern oft nur Zubehörteile von ganzen Anlagen oder Maschinenaggregaten sind, z.B. von Pumpen, Kompressoren, Mischern, Wäschen usw. Firmen, die solche Anlagen erstellen, legen sich in ihren Konstruktionsmaßen auf die Ausführung eines bestimmten Getriebeherstellers fest, so daß als Folge hiervon in jedem größeren Werk Getriebe fast gleicher Leistung und Drehzahl mit unterschiedlichen Abmessungen vorhanden sind.

Diejenigen Werke, bei denen Betriebsstörungen zu hohen Produktionsausfällen führen, sind gezwungen, für jede einzelne Getriebeausführung besondere Reservegetriebe auf Lager zu nehmen. Viele Großunternehmen gehen daher in steigendem Maße dazu über, in ihren Betrieben nur Erzeugnisse einer bestimmten Getriebefirma zuzulassen. Das führt dazu, daß die Hersteller der vorerwähnten Maschinenaggregate und Anlagen gezwungen werden, ihre Ausführungen ganz individuell den jeweils verlangten Getriebemaßen anzupassen. Außerdem sind damit die unvermeidlichen Schwierigkeiten verbunden, die sich aus der Bevorzugung einer einzigen Lieferfirma ergeben.

Um diese auf die Dauer unhaltbaren Mißstände zu heben, besteht daher die zwingende Notwendigkeit, die Hauptabmessungen wie Achsabstand, Achshöhe, Lage der Fundamentschraubenlöcher sowie die Wellenenden der handelsüblichen, d.h. der in den Katalogen der Getriebefirma geführten Getriebe für bestimmte Drehzahlen, Leistungen und Betriebsstundenzahlen im deutschen Normenwerk zu verankern. Erfahrungsgemäß können sich die Herstellerfirmen aus rein egoistischen Gründen über die Festlegung derartiger Hauptmaße nicht einigen. Der gesamte Verbraucherkreis ist jedoch an der Klärung dieser Frage in hohem Maße interessiert und drängt deshalb auf eine baldige Lösung. Dies gilt umso mehr, als die fortschreitende Mechanisierung vieler Arbeitsvorgänge und die damit verbundene Verfeinerung der Betriebsanlagen eine solche Maßnahme gebieterisch verlangt.

Um die vorstehend aufgezeigte Aufgabe einwandfrei lösen zu können, erschien es daher zweckmäßig, eine neutrale Stelle mit der Durchführung dieses Vorhabens zu beauftragen. Nach reiflicher Überlegung fiel die Wahl auf das Forschungsinstitut für Rationalisierung an der TH Aachen, das gemeinsam mit dem als Spezialisten bekannten Direktor Dr. LINDNER von der Ingenieurschule Hagen die äußerst zeitraubende Untersuchung durchgeführt hat. Da es sich um eine volkswirtschaftlich wertvolle und daher förderungswürdige Maßnahme handelte, entschloß sich das Land Nordrhein-Westfalen auf Antrag die erforderlichen Mittel zur Verfügung zu stellen - allerdings mit der Voraussetzung, daß auch die interessierte Industrie ihrerseits einen angemessenen Zuschuß beisteuern würde.

Düsseldorf, im März 1960.

Dr.-Ing. Ernst STURSBERG.

Oberingenieur und Prokurist in Firma Mannesmann AG.

## Grundbegriffe der Zahnradgetriebe

Zahnradgetriebe sind formschlüssige Drehzahlumformer; mit einer Änderung der Drehzahlgröße ist stets auch eine umgekehrt proportionale Änderung des Drehmomentes verbunden. Auf der Antriebswelle wird ein Drehmoment $M_{do}$ mit der Antriebsdrehzahl $n_o$ [Uml/min] eingeleitet und an der Abtriebswelle als Drehmoment $M_{dx}$ mit der Drehzahl $n_x$ abgeleitet. Folgende Werte der Drehzahl können umgeformt werden und ergeben das erste Merkmal zur Kennzeichnung des Getriebes:

1. Die Größe der Drehzahl. Diese wird durch das Unter- bzw. Übersetzungsverhältnis i ausgedrückt.

$$n_o / n_x = i = z_2 / z_1 \qquad (1)$$

Dabei wird die Zähnezahl des treibenden Rades - Ritzels - mit dem Index 1 und die des getriebenen Rades mit dem Index 2 bezeichnet. Dasselbe gilt für alle dem einzelnen Rad eigentümlichen Werte wie z.B. für die Wälzdurchmesser $d_1$ bzw. $d_2$. Die genauere Bezeichnung $d_{b1}$ oder $d_{b2}$ wird in dem gegebenen Zusammenhange nur dann erforderlich sein, wenn noch andere Durchmesser betrachtet werden z.B. $d_{k1}$ oder $d_{k2}$.

2. Der Drehsinn. Das Getriebe kann vom An- zum Abtrieb "gleichläufigen" Drehsinn erhalten oder "gegenläufigen" hervorrufen. Der Drehsinn wird als im Uhrzeigersinne oder im Gegenzeigersinne bezeichnet. Im allgemeinen wird darauf verzichtet, den Drehsinn durch ein Vorzeichen auszudrücken; nur bei Umlaufgetrieben ist mit Vorzeichen zu rechnen. Bei Stirn- und Kegelradgetrieben wird der Drehsinn durch Betrachtung des Zapfens von außen festgelegt. Also in Abbildung 1[1]) SI a, KI b Drehsinn gleichläufig in Abbildung SI d, KI a gegenläufiger Drehsinn.

3. Die Richtung der Drehachse. Zwischen An- und Abtriebsachse liegt als Richtungsunterschied der Achswinkel $\delta$. Bei sich kreuzenden Achsen wird der Achswinkel $\delta$ angegeben, der zwischen den sich im Auf- oder Grundriß scheinbar schneidenden Achsen liegt. Für die Ausführung kommen überwiegend zwei Größen der Achswinkel in Betracht:

   a) Das Stirnrad-Getriebe, gekürzt bezeichnet mit S-Getriebe, bei dem An- und Abtriebsachse parallel verlaufen, $\delta = 0$. Der Abstand der Achsen wird mit a bezeichnet.

---

1. Sämtliche Abbildungen befinden sich im Anhang

Ein Sonderfall ist das <u>gleichachsige Stirnradgetriebe</u>, - gekürzt bezeichnet mit Sg - bei dem die Abtriebsachse als Verlängerung der Antriebsachse erscheint, a = 0.

b) Das Kegelradgetriebe, gekürzt bezeichnet mit K-Getriebe, bei dem sich An- und Abtriebsachse unter $\delta = 90°$ schneiden.

Bei Stirn- und Kegelradgetrieben läßt sich eine gemeinsame "Achsenebene" durch beide Achsen legen. Bei sich <u>kreuzenden</u> Achsen gibt es keine solche Ebene.

Zur Kennzeichnung eines Getriebes gehören neben den Angaben für die Umformung der Drehzahl weiterhin:

1. Die Lage der Achsebene im Raum. Überwiegend werden die waagerechte oder die senkrechte Lage ausgeführt.

2. Die Lage der An- und Abtriebszapfen. Zu ihrer Bezeichnung sieht man bei Stirnrädern in der Achsebene von der Antriebsachse aus senkrecht auf die Abtriebsachse, bei Kegelrädern ist die Blickrichtung in Richtung der Antriebsachse gegeben. Es ist rechte oder linke Lage der Zapfen möglich. Die Zapfen können auf der gleichen Seite "gleichseitig" oder auf verschiedenen Seiten "versetzt" liegen (Abb.1). Grundsätzlich kann auch der Abtriebszapfen "unter" oder "über" dem Antriebszapfen liegen.

3. Die Größe des Achsabstandes a. Bei Stirnrädern wird hierbei für die einzelnen Stufen der Abstand benachbarter Wellen verstanden, für das ganze Getriebe ist der Achsabstand zwischen An- und Abtriebswelle gegeben.

Bei Kegelradgetrieben ist der Achsabstand $a_k$ die Entfernung vom Wellenbund des Antriebszapfens bis zur Abtriebsachse (Abb. 14).

Angaben für den inneren Aufbau des Getriebes liefert:

a) für Stirnradgetriebe und für Kegelradgetriebe die Zahl der Untersetzungsstufen. Sie werden in römischen Ziffern angegeben, Istufig, IIstufig, IIIstufig.

Entsprechend sind alle der Stufe eigentümlichen Werte mit dem Index I, II usw. zu versehen. Als Modul $m_I$ für die I. oder $m_{III}$ für die III. Stufe (nicht $m_1$; $m_2$); ebenso $v_I$, $v_{II}$.

Die Kegelräder liegen immer in der I. Stufe. Bei größeren Untersetzungen bestehen die weiteren Stufen aus Stirnrädern. Die Bezeichnung K-Getriebe

IIstufig ist daher eindeutig: Es folgt auf die Kegelradstufe eine Stirnradstufe. Die Bezeichnung Kegelstirnradgetriebe ist daher entbehrlich.

b) Der verwendete Werkstoff für die Zahnräder. Es kommen vorwiegend Vergütungsstähle für ungehärtete Räder und legierte Einsatzstähle für gehärtete Räder in Frage.

Für die Kennzeichnung eines Getriebes von der Verbraucherseite her genügen im allgemeinen die Angaben der äußeren Werte. Für vereinheitlichte Getriebe ist durch die Nummer des Einheitsblattes alles an Werten und Größen festgelegt.

Bei Verwendung von vereinheitlichten Getrieben vereinfacht sich die Bezeichnung durch Angabe der Nummer des betreffenden Getriebeblattes sehr wesentlich.

Es ergibt sich für ein Stirnradgetriebe z.B.:

S - Getriebe, Getriebeblatt 11, a = 240 mm, $n_o$ = 1450 $min^{-1}$, i = 5,6.
versetzt, links, gegenläufig,

oder für ein Kegelradgetriebe:

K - Getriebe, Getriebeblatt 21, $a_k$ = 655 mm, $n_o$ = 1450 $min^{-1}$, i = 63.
gleichläufig rechts.

Bei langsameren Drehzahlen, also vor allem in den Folgestufen, sind geringere Zahnschrägen empfehlenswert. Infolge des geringeren Axialschubes wird dann die Lebensdauer der Lager erhöht.

Vereinheitlichung.
Für die Vereinheitlichung kommen waagerechte Stirn- und Kegelradgetriebe mit Wälzlagern in Frage. Die Untersetzungen i sind in geometrischer Abstufung bereits von der Fachgruppe festgelegt (Tab. 1). Grundlegend ist das Istufige Stirnradgetriebe, es erscheint als Bauelement der mehrstufigen Getriebe. Die Zusammensetzung soll so erfolgen, daß die übertragene Leistung im meist verwendeten Bereich die Zahnräder und Wälzlager in allen Stufen voll ausnutzt. Die Achsabstände des Istufigen Getriebes werden ebenfalls in geometrischer Reihe abgestuft; die Achsabstände für mehrstufige Getriebe erscheinen als Summen der Achsabstände von 2 bzw. 3 Istufigen Getrieben, bilden dann also selbst keine geometrischen Reihen (Tab. 2).

Entsprechend dem Sinne der Vereinheitlichung, einen möglichst großen Bereich zu erfassen und in den meist gebrauchten Größen die günstigsten Werte zu erhalten, sind in den Abmessungen und Leistungen extreme Maßnahmen vermieden.

## Tabelle 1

### Normalübersetzungen von Zahnradgetrieben mit Stirn- oder Kegelrädern

| $i = n_o / n_x$ | | |
|---|---|---|
| Istufig | IIstufig | IIIstufig |
| 1,00 | 6,30 | 31,5 |
| 1,12 | 7,10 | 35,5 |
| 1,25 | 8,00 | 40,0 |
| 1,40 | 9,00 | 45,0 |
| 1,60 | 10,00 | 50,0 |
| 1,80 | 11,2 | 56,0 |
| 2,00 | 12,5 | 63,0 |
| 2,24 | 14,0 | 71,0 |
| 2,50 | 16,0 | 80,0 |
| 2,80 | 18,0 | 90,0 |
| 3,15 | 20,0 | 100,0 |
| 3,55 | 22,4 | 112,0 |
| 4,00 | 25,0 | 125,0 |
| 4,50 | 28,0 | 140,0 |
| 5,00 | 31,5 | 160,0 |
| 5,60 | 35,5 | 180,0 |
| 6,30 | 40,0 | 200,0 |
| 7,10 | 45,0 | |
| 8,00 | 50,0 | |

## Tabelle 2

### Achsabstand a

S - Getriebe Istufig $\quad a = a_I$

| a | 80 | 100 | 125 | 140 | 160 | 180 | 200 | 224 | 250 | 280 | 315 | 355 | 400 | 450 | 500 |

S - Getriebe IIstufig $\quad a = a_I + a_{II} = a_I (1 + \varphi)$

| 80+125 | 100+140 | 125+180 | 140+200 | 160+224 | 180+250 | 200+280 | 224+315 | 250+355 | 280+400 | 315+450 | 355+500 |
|---|---|---|---|---|---|---|---|---|---|---|---|
| 205 | 240 | 305 | 340 | 384 | 430 | 480 | 539 | 605 | 680 | 765 | 855 |

S - Getriebe IIIstufig $\quad a = a_I + a_{II} + a_{III} = a_I (1 + \varphi + \varphi^2)$

| 80+125+160 | 100+140+200 | 305+250 | 340+280 | 384+315 | 430+355 | 480+400 | 539+450 | 605+500 |
|---|---|---|---|---|---|---|---|---|
| 365 | 440 | 555 | 620 | 699 | 785 | 880 | 989 | 1105 |

Die Achshöhen und Achsabstände sind Normzahlen nach DIN 323. Die Anschluß-
zapfen entsprechen DIN 783. Wenn die Lagerdurchmesser dem Zapfendurch-
messer gleichen sollen, entstehen Schwierigkeiten durch die Zapfenstufung
110, 125, 140, weil die Wälzlager keinen Durchmesser 125 aufweisen. Man
muß also von 110 gleich auf 140 gehen. Die Längen der Zapfen nach DIN
783 erscheinen reichlich groß.

(Nach neueren Bestrebungen wird jedoch die Einführung der Zahl 120 bei
den Zapfen erwogen.)

Unabhängig von der Stufenzahl des Getriebes sind Durchmesser und Länge
des Antriebszapfens mit $d_1$; $l_1$ und die des Abtriebszapfens mit D, L be-
zeichnet.

## I. Stirnrad-Getriebe (S-Getriebe)

### 1. Das Istufige S-Getriebe

Die Abmessungen des Istufigen Getriebes, die für den Verbraucher wichtig
sind, sind in Abbildung 2 bezeichnet. Für den geometrischen Aufbau des
Getriebes bei Untersetzungen von 1 bis 8 und Achsabständen von 80 bis
500 mm werden die Maße der Abbildung 3 benötigt. Hiernach sind die "All-
gemeinen Abmessungen" des Istufigen Getriebes in Tabelle 3 zusammenge-
stellt. Für jeden Achsabstand a wird unabhängig von der Untersetzung in
den obigen Grenzen nur je <u>ein</u> Gehäuse für gehärtete und für ungehärtete
Räder verwendet. Die Werte der Tabelle 3 gelten für Getriebe in beiden
Fällen.

### a) Getriebe mit ungehärteten Zahnrädern

Verzahnung

Bei Getrieben mit ungehärteten Zahnrädern wird unabhängig vom Modul eine
Radbreite von 0,5 a verwendet. Die zulässige Leistung für die Zahnräder
wird nach den Gleichungen für Walzenpressung bestimmt. Die Berechnung
wird für Nullräder mit Geradverzahnung durchgeführt, wobei teilweise ab-
gerundete Werte benutzt werden. Die höchste Beanspruchung des Ritzels im
inneren Einzeleingriffspunkt (EW - Punkt) wird zugrunde gelegt. Der
Sicherheitskoeffizient $\nu$ wird für kleinere Getriebe und Umläufe unter
1 000 $\text{min}^{-1}$ größer angenommen. Die Abstufung ergibt sich aus Tabelle 5.
Die tatsächliche Ausführung als Schrägverzahnung und die Anwendung posi-
tiver Profilverschiebung erhöht den vorhandenen Sicherheitskoeffizienten.

## Tabelle 3

### S - Getriebe Istufig

Aufstellung der allgemeinen Abmessungen für gehärtete und ungehärtete Zahnräder

| Zeile | Achsabstand a | 80 | 100 | 125 | 140 | 160 | 180 | 200 | 224 | 250 | 280 | 315 | 355 | 400 | 450 | 500 |
|---|---|---|---|---|---|---|---|---|---|---|---|---|---|---|---|---|
| 1 | $i = 1$  $d_{b1}/2 = r_{b1} = a/2$ | 40 | 50 | 62,5 | 70 | 80 | 90 | 100 | 112,5 | 125 | 140 | 157,5 | 177,5 | 200 | 225 | 250 |
|  | $i = 8$  $d_{b2}/2 = r_{b2} = 8/9\ a$ | 71 | 89 | 111 | 125 | 142 | 160 | 178 | 200 | 222 | 250 | 280 | 315 | 355 | 400 | 445 |
|  | Kopfhöhe $h_{k1} + h_{k2}$  Höchstwert | 6 | 6 | 8 | 8 | 10 | 10 | 10 | 12 | 14 | 16 | 18 | 20 | 24 | 30 | 30 |
|  | Spiel $\begin{cases} S_{p1} \\ S_{p2} \end{cases}$ | 20 | 25 | 25 | 25 | 25 | 25 | 25 | 30 | 30 | 30 | 30 | 30 | 30 | 30 | 30 |
|  |  | 12 | 15 | 15 | 15 | 15 | 15 | 15 | 15 | 15 | 15 | 20 | 20 | 20 | 20 | 20 |
|  | 2 x Wandstärke  $2\ S_W$ | 16 | 16 | 16 | 16 | 24 | 24 | 24 | 24 | 32 | 32 | 32 | 32 | 40 | 40 | 40 |
|  | 2 x Rand  $2\ S_R$ | 40 | 60 | 60 | 60 | 60 | 60 | 60 | 60 | 80 | 80 | 80 | 80 | 100 | 120 | 140 |
|  | rechnerisch $l_{max} = a + r_{b1} + r_{b2} \ldots + 2\ S_W + 2\ S_R$ | 285 | 361 | 422 | 459 | 516 | 564 | 612 | 679 | 768 | 843 | 933 | 1030 | 1169 | 1315 | 1455 |
|  | gewählt $l_{max}$ (i = 1 bis 8) | 290 | 360 | 420 | 460 | 520 | 570 | 615 | 680 | 770 | 845 | 935 | 1030 | 1170 | 1315 | 1455 |
| 2 | $e_1$ Vorschlag ∼ $(a + d_{b1}/2)$ | 115 | 140 | 170 | 195 | 215 | 235 | 270 | 295 | 325 | 370 | 420 | 470 | 535 | 610 | 665 |
| 3 | $e_2$ gewählt ∼ $(0,8\ d_{b2}/2)$ | 60 | 70 | 90 | 100 | 110 | 120 | 140 | 150 | 170 | 180 | 200 | 225 | 250 | 300 | 340 |
| 4 | $e ∼ e_1 + e_2 + 4\ d_s$ | 220 | 270 | 320 | 355 | 395 | 425 | 500 | 535 | 585 | 660 | 730 | 825 | 915 | 1060 | 1160 |
| 5 | $d_s$ Vorschlag | 11,5 | 14 | 14 | 14 | 18 | 18 | 23 | 23 | 23 | 27 | 27 | 33 | 33 | 39 | 39 |
| 6 | s Vorschlag | 14 | 20 | 20 | 20 | 28 | 28 | 35 | 35 | 35 | 45 | 45 | 55 | 55 | 70 | 70 |

# Tabelle 4

## Berechnung eines S - Getriebes auf Walzenpressung

| Zeile | i | 1 | 2 | 4 | 6,3 | 8 | Bemerkungen |
|---|---|---|---|---|---|---|---|
| 1 | $d_{b1}$ | 400 | 267 | 160 | 109,6 | 88,9 | |
| 2 | $m_s \sim m_n$ | 7 | 6 | 5 | 4,5 | 4 | |
| 3 | $z_1 \sim$ | 57 | 44 | 32 | 24 | 22 | b=0,5a = 200 |
| | a) Walzenpressung | | | | | | |
| 4 | $x_1; x_2$ | 0; 0 | 0; 0 | +0,5;-0,5 | +0,5;-0,5 | +0,5;-0,5 | |
| 5 | $d'_{o1}$ | 399 | 264 | 160 | 108 | 88 | Gedachter Rechenwert |
| 6 | $d'_k$ | 413 | 276 | 170 | 117 | 96 | |
| 7 | $d'_{g1}$ | 375 | 248 | 150,5 | 101,5 | 82,8 | |
| 8 | $\cos \alpha_{k1}$ | 0,909 | 0,8995 | 0,886 | 0,8674 | 0,862 | |
| 9 | $\alpha_{k1}$ | 24°38' | 25°54' | 27°37,5' | 29°8,5' | 30°27,5' | |
| 10 | $\tg \alpha_{k1}$  0, | 45854 | 48557 | 52330 | 5738 | 58807 | |
| 11 | $2\pi/z_1$ | 0,11 | 0,1427 | 0,1965 | 0,262 | 0,2852 | |
| 12 | $\tg \alpha_{ei\,max} = \tg \alpha_{k1} - 2\pi/z$ 0, | 34854 | 34287 | 32680 | 3118 | 30287 | 1) Gl. 1.68 a |
| 13 | $g_1 = r_{g1} \cdot \tg \alpha_{ei\,max}$ | 65,3 | 42,5 | 24,58 | 16 | 12,54 | |
| 14 | $1 + 1/i$ | 2 | 1,5 | 1,25 | 1,1587 | 1,125 | |
| 15 | $(1 + 1/i)\,0,364$ | 0,728 | 0,546 | 0,455 | 0,423 | 0,409 | |
| 16 | $\tg \alpha_{ei}/i$  0, | 34854 | 17144 | 08170 | 0495 | 03786 | |
| 17 | $\tg \alpha_2$  0, | 38046 | 37456 | 3733 | 3735 | 37214 | 1) 1.65 a |
| 18 | $g_2 = r_{g1} \cdot \tg \alpha_2 \cdot i$ | 71,4 | 93 | 112,5 | 119 | 123,2 | |
| 19 | $g_1 + g_2$ | 136,7 | 135,5 | 137,1 | 135 | 135,7 | |
| 20 | $g = \dfrac{g_1 \cdot g_2}{g_1 + g_2}$ | 34,2 | 29,2 | 20,2 | 14,1 | 11,4 | $p_{zul}=0,7; b=200; \alpha_b=20°$ |
| 21 | $U_{zul} = 2 \cdot p_{zul} \cdot b \cdot g \cdot \cos \alpha_b$ = 263 g | 9000 | 7680 | 5308 | 3700 | 3000 | [kg] |
| | b) Nutzkraft $U_n$[kg]   Nutzleistung $N_n$[PS]   $n_o$ = 1450 min$^{-1}$ | | | | | | |
| 22 | $v_I \left[\dfrac{m}{sec}\right]$ | 30,3 | 20,3 | 12,15 | 8,34 | 6,75 | Geschwindigkeitsfaktor $f_v = 1 + \dfrac{\sqrt{v}}{5,5}$ |
| 23 | $f_v$ | 2 | 1,82 | 1,633 | 1,525 | 1,473 | |
| 24 | $U'_n = \dfrac{U_{zul}}{f_v}$ [kg] | [4340] | 4210 | 3250 | 2240 | 2035 | |
| 25 | $U_n = \dfrac{U'_n}{\nu}$ | [2500] | 3120 | 2410 | 1800 | 1550 | Sicherheit $\nu$ = 1,35 |
| 26 | N [PS] | [1000] | 844 | 390 | 200 | 136 | |

---

1. LINDNER: Zahnräder Bd.I, Springer-Verlag 1954

## Tabelle 5

### Sicherheitskoeffizient $\nu$

| a | 80 | 100 | 125 | 140 | 160 | 180 | 200 | 224 | 250 | 280 | 315 | 355 | 400 | 450 | 500 |
|---|---|---|---|---|---|---|---|---|---|---|---|---|---|---|---|
| **Ungehärtete Räder** | | | | | | | | | | | | | | | |
| $n > 1000$ min$^{-1}$ | 1,7 | 1,65 | 1,65 | 1,6 | 1,6 | 1,55 | 1,55 | 1,50 | 1,50 | 1,45 | 1,4 | 1,4 | 1,35 | 1,35 | 1,3 |
| $n < 1000$ min$^{-1}$ | 1,6 | 1,55 | 1,55 | 1,50 | 1,50 | 1,45 | 1,45 | 1,4 | 1,4 | 1,35 | 1,3 | 1,3 | 1,25 | 1,25 | 1,2 |
| **Gehärtete Räder** | | | | | | | | | | | | | | | |
| $n > 1000$ min$^{-1}$ | 2 | 2 | 2 | 1,9 | 1,9 | 1,9 | 1,9 | 1,9 | 1,9 | 1,8 | 1,75 | 1,75 | 1,7 | 1,7 | 1,6 |
| $n < 1000$ min$^{-1}$ | 1,9 | 1,9 | 1,9 | 1,8 | 1,8 | 1,8 | 1,8 | 1,8 | 1,8 | 1,8 | 1,65 | 1,65 | 1,6 | 1,6 | 1,5 |

Für den Einfluß der dynamischen Kräfte, die mit der Geschwindigkeit wachsen, ist ein Geschwindigkeitskoeffizient $f_v$ eingeführt.

$$f_v = 1 + \sqrt{v}/5{,}5 \qquad (2)$$

Als Beispiel ist in Tabelle 4 die Berechnung der Leistung eines Getriebes für den Achsabstand a = 400 mm angegeben.

Die gemachten Annahmen ergeben eine gute Übereinstimmung mit ausgeführten Getrieben. Dies zeigt der Vergleich in Abbildung 4.

Die so gerechneten zulässigen Leistungen sind aus Tabelle 6 bei Drehzahlen 1450, 950 und 710 Uml./min für die genormten Achsabstände und die Untersetzungen unmittelbar ablesbar.

Die für i = 2 errechnete Umfangskraft der Verzahnung ist bis i = 1,6 beibehalten, also in Rücksicht auf die Lagerung nicht weiter gesteigert.

Das sich bei i = 1,6 ergebende Drehmoment ist bis herab zu i = 1 ebenfalls beibehalten.

Für N > 110 000 / n ist Ölkühlung erforderlich, N[kW]; n[min$^{-1}$].

Leistung für die in Tabelle 6 nicht enthaltenen Drehzahlen

Hierfür sind drei Fälle möglich.

a) Annäherung für Umlaufzahlen von 600 bis 1500 min$^{-1}$.

Innerhalb dieses Bereiches können die Leistungen mit der für die Leistungsberechnung überhaupt geltenden Genauigkeit proportional zu der nächsten der angegebenen Drehzahl bestimmt werden.

Beispiel: Gesucht Leistung $N_{600}$ eines Getriebes von
a = 200, i = 4, n = 600 min$^{-1}$.

Ausgang der Rechnung ist die Leistung von 20 kW nach Tabelle 6 für n = 710 min$^{-1}$. Mithin:

$$N_{600} = 20 \cdot 600/710 = 16{,}9 \text{ kW}$$

b) $n_x < 600$ min$^{-1}$ bei größerer Genauigkeit.

Bei stärkerer Abweichung der angegebenen Drehzahlen und dem Wunsche nach größerer Genauigkeit macht sich für die Leistung der Verzahnung, die in diesem Falle maßgebend für die Getriebeleistung ist, die Änderung der dynamischen Umfangskraft, ausgedrückt durch den Faktor $f_v$, stärker bemerkbar. Der bei der Drehzahl n = 710 ermittelte Wert $f_{v7}$ verändert sich bei $n_x$ Umläufen in $f_{vx}$. Da $v_7 = d_1/1000 \cdot \pi \cdot 710/60 = 0{,}0372\, d_1$ und $v_x = d_1/1000 \cdot \pi \cdot n_x/60 = 0{,}052\, d_1 n_x/1000$ ergibt Gleichung (2)

$$\frac{f_{v7}}{f_{vx}} = \frac{5,5 + \sqrt{v_7}}{5,5 + \sqrt{v_x}} = \frac{5,5 + \sqrt{0,0372\ d_1}}{5,5 + \sqrt{0,052\ d_1}\ \sqrt{n_x/1000}}$$

Mit $d_1 = 2a/(i+1)$:

$$\frac{f_{v7}}{f_{vx}} = \frac{5,5 + 0,272\ \sqrt{a/(i+1)}}{5,5 + 0,33\ \sqrt{a/(i+1)}\ \sqrt{n_x/1000}} \qquad (3)$$

Dann ist die Leistung

$$N_x = N_{710} \cdot n_x/710 \cdot f_{v7}/f_{vx} \qquad (4)$$

Beispiel: $a = 200$ mm; $n_x = 100$ min$^{-1}$; $i = 4$. Gesucht $N_x$

$$\frac{f_{v7}}{f_{vx}} = \frac{5,5 + 0,272\ \sqrt{200/5}}{5,5 + 0,33\ \sqrt{200/5}\ \sqrt{100/1000}} = \frac{7,22}{6,16} = 1,17$$

$$N_x = 20 \cdot 100/710 \cdot 1,17 = 3,3 \text{ kW}$$

c) $n_y > 1450$ min$^{-1}$

Bei Steigerung der Drehzahl müssen zunächst höhere Genauigkeiten in der Verzahnungsherstellung eingehalten sein, die durch die Lieferfirma bestätigt sein müssen. Rechnerisch wirken sich die dynamischen Kräfte weniger aus als vielmehr die Drehzahlfaktoren $f_n$ der Wälzlager. Diese sind daher in die Rechnung einzusetzen. Es ist ferner zu prüfen, ob die Ölmenge die erhöhte Wärmeentwicklung aufnehmen kann.

Wenn man unter diesen Voraussetzungen von der Leistung der Tabelle 6 bei $n = 1450$ min$^{-1}$ mit dem Drehzahlfaktor der Wälzlager $f_n = 0,284$ ausgeht, so ergibt sich für die Drehzahl $n_y$ eine Leistung $N_y$:

$$N_y = N_{1450} \cdot n_y/1450 \cdot f_{ny}/0,284 = N_{1450} \cdot n_y/410 \cdot f_{ny} \qquad (5)$$

Beispiel: Gesucht Leistung $N_y$ eines Getriebes von $a = 200$; $i = 4$; $n = 2\ 000$ min$^{-1}$

$$N_y = 35 \cdot 2\ 000/410 \cdot 0,255 = 44 \text{ kW.}$$

Lager.

Für die Berechnung der Lager ist berücksichtigt worden, daß für die ständig wachsenden Ansprüche an die Geräuschlosigkeit der Getriebe eine Schrägverzahnung angewendet werden kann, deren Sprungüberdeckung den Wert 1 erreicht. Nach den Annahmen für den Modul nach Tabelle 7 ergeben sich danach für den Schrägungswinkel $ß_{tW}$ die Größen der Tabelle 8. Dementsprechend müssen die Lager nach Art und Größe so gewählt werden, daß sie die entsprechenden Axialschübe aufnehmen.

Bei langsameren Drehzahlen, also vor allem in den Folgestufen, sind geringere Zahnschrägen empfehlenswert. Der Axialschub wird geringer und dadurch die Lebensdauer der Lager erhöht.

Da die Leistungen und mit fallendem Modul auch die Zahnkräfte mit wachsendem Untersetzungsverhältnis bei gleichem Achsabstand abnehmen, könnten auch die Durchmesser der Antriebs- und Lagerzapfen mit zunehmendem i kleiner werden. Im Anschluß an vorhandene Ausführungen sind jedoch zur Einschränkung der Anzahl der verwendeten Wälzlager bei jedem Gehäuse nur zwei Zapfengrößen vorgesehen, nämlich die <u>eine</u> Größe für i = 1 bis 3,55, gerechnet bei i = 2, und die <u>zweite</u> Größe für i = 4 bis 8, gerechnet für i = 4.

Die Bohrung für den Außendurchmesser des Wälzlagers im Gehäuse entspricht dem bei i = 2 verwendeten Lager, für den kleineren Wert von $i \geq 4$ muß die Lagerbüchse entsprechend ausgebildet werden. Die Ergebnisse der Berechnung sind in Tabelle 9 zusammengestellt.

Die Tabelle enthält die nach der Beanspruchung gegebenen Mindestgrößen der Lager aus den Reihen 62, 63, 73 222 und 32/33. Nach der vom Verein Deutscher Eisenhüttenleute inzwischen getroffenen Auswahl der Wälzlager müßte die dort nicht enthaltene Reihe 73 wegfallen. Die vorgespannten zweireihigen Schrägkugellager der Reihen 32 und 33 mit dem entsprechenden Rollenlager NUM auf der anderen Seite der Welle sind bei höherer Drehzahl und häufiger Umschaltung der Drehrichtung vorteilhaft. Für die Kräfte bei den großen Achsabständen kommen Pendelrollenlager der Reihe 222 beispielsweise zur Anwendung. Die Radlagerbreiten, die für die Getriebebreite m maßgebend sind, sind so breit gewählt, daß dem Konstrukteur ausreichende Freiheit bleibt.

Ölkühlung.

Ölkühlung ist erfahrungsgemäß vorzusehen, wenn $Nn \geq 110\ 000$ ist.
N [kW]; n [min$^{-1}$]

Nach Festlegung dieser Gesichtspunkte ergibt sich die Getriebebreite in Tabelle 10. Getriebe-Blatt 10 (am Ende) ist eine Zusammenstellung für die Maße der Verbraucher.

## Tabelle 7
### Modul m
### Richtwerte für die Rechnung

| i | a | 100 | 125 | 140 | 160 | 180 | 200 | 224 | 250 | 280 | 315 | 355 | 400 | 450 | 500 |
|---|---|-----|-----|-----|-----|-----|-----|-----|-----|-----|-----|-----|-----|-----|-----|
| 1 | m | 3,5 | 3,5 | 4 | 4 | 4,5 | 5 | 5 | 5,5 | 5,5 | 6 | 6,5 | 7 | 7 | 8 |
| 1,6 | m | 3,5 | 3,5 | 4 | 4 | 4,5 | 5 | 5 | 5,5 | 5,5 | 6 | 6,5 | 7 | 7 | 8 |
| 2,0 | m | 3,5 | 3,5 | 4 | 4 | 4,5 | 5 | 5 | 5 | 5,5 | 6 | 6,5 | 7 | 7 | 8 |
| 3,15 | m | 3 | 3 | 3,5 | 3,5 | 4 | 4 | 4,5 | 5 | 5 | 5,5 | 6 | 6 | 6,5 | 7 |
| 4,0 | m | 2,5 | 2,5 | 3 | 3 | 3,5 | 3,5 | 4 | 4,5 | 4,5 | 5 | 5,5 | 5,5 | 6 | 6 |
| 6,3 | m | 2 | 2 | 2,5 | 2,5 | 3 | 3 | 3 | 3,5 | 4 | 4 | 5 | 5 | 5,5 | 5,5 |
| 8,0 | m |   |   | 2 | 2 | 2,5 | 2,5 | 3 | 3 | 3,5 | 3,5 | 4 | 4 | 5 | 5 |

## Tabelle 8
### Zahnschräge $\beta_t$ für Sprungüberdeckung 1

$\mathrm{tg}\beta_t = m\,\pi/b$   Ungehärtete Räder $\beta_{tw}$ bei $b = 0{,}5a$
Gehärtete Räder $\beta_{th}$ bei $b = 0{,}25a$

| i | a | 100 | 125 | 140 | 160 | 180 | 200 | 224 | 250 | 280 | 315 | 355 | 400 | 450 | 500 |
|---|---|-----|-----|-----|-----|-----|-----|-----|-----|-----|-----|-----|-----|-----|-----|
| 2 | $\mathrm{tg}\beta_{tw}$ | 0,22 | 0,174 | 0,18 | 0,1575 | 0,157 | 0,157 | 0,14 | 0,138 | 0,1235 | 0,12 | 0,1135 | 0,11 | 0,098 | 0,1 |
| 2 | $\beta_{tw}$ | 12°25' | 9°52' | 10°12' | 8°57' | 8°55' | 8°55' | 8°11' | 7°51' | 7°2' | 6°51' | 6°28' | 6°17' | 5°36' | 5°42' |
| 2 | $\mathrm{tg}\beta_{th}$ | 0,44 | 0,348 | 0,36 | 0,315 | 0,314 | 0,314 | 0,28 | 0,276 | 0,247 | 0,24 | 0,227 | 0,22 | 0,196 | 0,2 |
| 2 | $\beta_{th}$ | 23°45' | 19°11' | 19°48' | 17°29' | 17°26' | 17°26' | 15°39' | 15°26' | 13°52' | 13°30' | 12°48' | 12°24' | 11°5' | 11°19' |
| 4 | $\mathrm{tg}\beta_{tw}$ | 0,157 | 0,125 | 0,1345 | 0,1177 | 0,122 | 0,11 | 0,112 | 0,113 | 0,101 | 0,098 | 0,096 | 0,0864 | 0,0838 | 0,0754 |
| 4 | $\beta_{tw}$ | 8°55' | 7°7' | 7°39' | 6°42' | 6°57' | 6°16' | 6°24' | 6°27' | 5°46' | 5°36' | 5°29' | 4°56' | 4°47' | 4°19' |
| 4 | $\mathrm{tg}\beta_{th}$ | 0,314 | 0,25 | 0,269 | 0,235 | 0,244 | 0,22 | 0,224 | 0,226 | 0,202 | 0,196 | 0,192 | 0,173 | 0,167 | 0,151 |
| 4 | $\beta_{th}$ | 17°26' | 14°2' | 15°4' | 13°13' | 13°43' | 12°24' | 12°37' | 12°44' | 11°25' | 11°5' | 10°52' | 9°49' | 9°24' | 8°35' |

## Tabelle 10

### S-Getriebe 1stufig
### Abmessungen der Getriebebreite
### Ungehärtete Räder

| | | 80 | 100 | 125 | 140 | 160 | 180 | 200 | 224 | 250 | 280 | 315 | 355 | 400 | 450 | 500 |
|---|---|---|---|---|---|---|---|---|---|---|---|---|---|---|---|---|
| | Achsabstand a | | | | | | | | | | | | | | | |
| | Achsenbreite | | | | | | | | | | | | | | | |
| 1 | Radlagerbreite $b_{L2}$ aus Tab.9 | 27 | 31 | 31 | 39 | 39 | 39 | 39 | 42 | 44 | 56 | 53 | 58 | 64 | 73 | 86 |
| 2 | $b_{R/2} + S_s$ Abb.3 ($b_R = \frac{a}{2}$) | 30 | 40 | 46 | 50 | 55 | 60 | 65 | 71 | 77 | 85 | 93 | 109 | 120 | 133 | 145 |
| 3 | Zgl.Führung des Lagerdeckels | 20 | 20 | 16 | 12 | 15 | 15 | 15 | 15 | 20 | 20 | 20 | 20 | 25 | 25 | 30 |
| 4 | Wandstärke des Lagerdeckels | 10 | 10 | 10 | 12 | 15 | 15 | 15 | 15 | 15 | 20 | 20 | 20 | 25 | 25 | 30 |
| 5 | Wellenabstand (Band) | 5 | 5 | 8 | 10 | 12 | 12 | 15 | 15 | 15 | 20 | 25 | 25 | 30 | 30 | 30 |
| 6 | Summe der Längen | 92 | 106 | 111 | 123 | 136 | 144 | 149 | 158 | 172 | 201 | 211 | 232 | 264 | 289 | 321 |
| 7 | Vorschlag m | 100 | 105 | 110 | 125 | 140 | 145 | 150 | 160 | 170 | 200 | 210 | 240 | 270 | 300 | 325 |
| 8 | $b_{max} = 2m - 5$ | 195 | 205 | 215 | 245 | 275 | 285 | 295 | 315 | 335 | 395 | 415 | 475 | 535 | 595 | 645 |
| 9 | $1,25\ d_s$ (Tab. 3) | 14,5 | 17,5 | 17,5 | 17,5 | 22,5 | 22,5 | 28 | 28 | 28 | 33 | 33 | 41 | 41 | 49 | 49 |
| 10 | $b_{min} = b_R + 25_s + 25_W + 3\ d_s$ | 115 | 142 | 154 | 166 | 195 | 205 | 228 | 240 | 252 | 289 | 305 | 357 | 389 | 433 | 467 |
| 11 | b gewählt | 135 | 170 | 205 | 220 | 240 | 260 | 270 | 280 | 330 | 350 | 390 | 425 | 460 | 500 | 550 |
| 12 | $b_s \sim b/2 - 1,25\ d_s$ | 50 | 67,5 | 80 | 90 | 100 | 105 | 110 | 115 | 135 | 145 | 160 | 170 | 190 | 210 | 230 |

### b) Getriebe mit gehärteten Zahnrädern

Übertragbare Leistung des Getriebes.

Die Teile, um die es sich zur Ausnutzung des wirtschaftlichen Optimums handelt, sind hier die Verzahnung, die Wälzlager und die Wellenzapfen des An- und Abtriebs.
Dabei läßt sich von vornherein die Breite b der Verzahnung so wählen, daß sie die Tragfähigkeit der Lager in weitem Bereiche ausnutzt. Dies wird bei b = 0,25a befriedigend erreicht. Die gehärteten Räder werden also halb so breit wie die ungehärteten.

Leistung der Verzahnung.

Die zulässige Leistung wird wie üblich nach der Zahnfußfestigkeit berechnet. Für die zulässige Umfangskraft $U_{bn}$ ergibt sich

$$U_{bn} = \frac{\sigma_{zul} \cdot b \cdot m}{f_v \cdot \nu \cdot q_1} y_\beta \qquad (5)$$

$\sigma_{zul}$ = 38; $\nu$ nach Tabelle 5, infolge der Unsicherheit, die durch die Wärmebehandlung entsteht, höher als bei ungehärteten Rädern; rechnerisch gewählter Modul m nach Tabelle 7; $f_v$ nach Gleichung (2). Die Werte $q_1$ als Zahnformfaktor sind "LINDNER, Zahnräder Bd.I", Springer-Verlag, Abb. 1.74 entnommen. Der Faktor $y_\beta$ für die Zahnschräge ist nach **NIEMANN** bestimmt (s. **KLINGELNBERG**, Techn.Hilfsbuch, 13.Aufl. S.732).

Die so gerechneten Leistungen der Verzahnung sind für Achsabstände a von 100 bis 400 mm bei den Umlaufzahlen 710, 950 und 1450 $min^{-1}$ in Tabelle 11 zusammengestellt.

Die Berechnung der Leistung der in Tabelle 11 nicht enthaltenen Drehzahlen erfolgt nach den Anweisungen, die für diesen Fall bei den ungehärteten Rädern gegeben sind (S. 17).

Leistung der Wälzlager.

Bei der Forderung einer Sprungüberdeckung 1 in der Zahnschräge erhöhen sich die Steigungswinkel $\beta_{th}$ der schmaleren gehärteten Räder gegenüber den Werten der ungehärteten Räder, Tabelle 8. Die größeren Axialschübe sind maßgebend für Art und Größe der gewählten Wälzlager. Mit kleiner werdendem Achsabstand wächst die Schwierigkeit, die Lager für die großen Zahnkräfte noch unterzubringen, indem zwischen den Außendurchmessern der Lager noch Platz für die Befestigungsschrauben des Gehäuse-Oberteiles bleiben muß. Zweireihige Schrägkugellager der Reihe 33, Pendelrollenlager der Reihe 223 legen die Wellen axial - am besten auf der Deckelseite -

fest. Auf der Zapfenseite können Rollenlager z.B. der Reihe NUM eingebaut werden. Es können für die langsame Abtriebsstufe aber auch beiderseits Rollenlager z.B. der Reihe 323 mit etwas Axialspiel verwendet werden. Bei geringeren Drehzahlen müßte wenigstens zur Lagerung des Rades auch die Reihe 73 oder schwächere Lager wie Reihe 222, 322 ausreichen vor allem bei Getrieben mit gleichbleibendem Drehsinn. Allerdings ist diese Reihe in der Auswahl der Hüttenwerke nicht vorgesehen. Eine Aufstellung möglicher Lager zeigt Tabelle 12.

Leistung der Anschlußzapfen.

Bleibt man bei ungehärteten Wellen, so sind die Beanspruchungen durch Verdrehung nach DIN 783 einzuhalten. In diesem Falle sind die Zapfen bei $a \leq 140$ der schwächste Teil der Konstruktion. Sie bestimmen bei diesen Achsabständen die Getriebe-Leistung nach Tabelle 11.

Es bestehen folgende Möglichkeiten, bei diesen kleinen Achsabständen die Getriebeleistung zu erhöhen:

1. Verwendung gehärteter Wellen zur Erhöhung der Zapfenleistung.
2. Wahl geringerer Zahnschräge. Dadurch wird die für die Lagerbelastung wesentliche axiale Beanspruchung verringert. Dies könnte jedoch nur bei geringerer Drehzahl oder bei geschliffenen Zahnflanken empfohlen werden, weil sonst ruhiger Lauf schwer zu erreichen sein dürfte.
3. Anwendung von Pfeilverzahnung. Der Wegfall des Axialschubes gestattet schmalere Lager und den ersparten Raum zur Verbreiterung der Verzahnung auszunutzen.

<u>Größe des Ölraumes in Hinsicht auf die Wärmeleistung.</u>

Zur Vergrößerung des Ölraumes wird ein Teil der Lagernabe zweckmäßig in das Gehäuse eingebaut und die Achshöhe h gegenüber den Getrieben mit ungehärteten Rädern um eine Stufe erhöht, damit die Einführung einer Kühlschlange erleichtert wird. $h = 1{,}25a$.

## 2. Das IIstufige S-Getriebe

### a) Allgemeines

Für die konstruktive Ausführung bestehen zwei Möglichkeiten:

1. Das IIstufige Getriebe schlechthin, bei dem die Abtriebsachse parallel neben der Antriebsachse liegt, versetzt sinngemäß nach Abbildung 1a, gleichzeitig Abbildung 1c, beiderseitig nach Abbildung 1e oder 1g.

2. Das gleichachsige Getriebe Abbildung 1i
Der Aufbau eines vereinheitlichen Getriebe-Systems muß die Zahl der einzelnen Bauteile, soweit wie irgend möglich, beschränken. Hierzu trägt es sehr wesentlich bei, wenn die mehrstufigen Getriebe aus den Bauteilen der Istufigen Getriebe zusammengesetzt werden (vgl. Hans WIELAND, Normungserfolg im Zahnradgetriebebau. Werkstattstechnik und Maschinenbau, Bd.45, S.481). Weiterhin muß aus Gründen der Wirtschaftlichkeit gefordert werden, daß jedes einzelne Bauelement voll ausgenutzt wird. Dies wird erreicht, wenn trotz der in den späteren Stufen steigenden Drehmomente und trotz der dabei fallenden Umlaufzahlen die Zahnräder jeder Stufe voll ausgenutzt werden. Für den Aufbau bleiben dann noch wählbar, um die obigen Forderungen zu erfüllen:

1) Die Aufteilung der Gesamtübersetzung $i_g$ auf die einzelnen Stufen $i_I$, $i_{II}$ usw. Es gilt:

$$i_g = i_I \cdot i_{II} \tag{6}$$

2) Das Verhältnis $\varphi$ der Achsabstände a von einer Stufe zur anderen.

$$\varphi = a_{II}/a_I \tag{7}$$

3) Verschiedene Werkstoffe in den verschiedenen Stufen desselben Getriebes. In Gleichung (8) ist der Werkstoff durch den Faktor k gekennzeichnet.

Diese drei Punkte sind so aufeinander abzustimmen, daß eine optimale Konstruktion entsteht.

### b) Versetzte Getriebe mit ungehärteten Zahnrädern

Um den mathematischen Ausdruck für obige Forderungen zu bilden, sind die Gleichungen für die Stufenleistung aufzustellen und die Werte für die einzelnen Stufen miteinander zu vergleichen. Es genügt hierfür die Betrachtung der Walzenpressung im Wälzkreis nach NIEMANN. Die Größe des verwendeten Moduls spielt in diesem Falle keine Rolle.

Die Beziehung für DIN-Verzahnung lautet:

$$b \cdot d_1^2 = 6{,}25 \, M_I/k_I \cdot (i_I + 1)/i_I \qquad (8)$$

Man erhält damit für das Verhältnis der Momente in den beiden Stufen:

$$M_{II}/M_I = i_I = b_{II}/b_I \cdot d_{II1}^2/d_{I1}^2 \cdot (i_I + 1)/i_I \cdot (i_{II}/(i_{II}+1) \cdot k_{II}/k_I$$

Mit $b_{II} = \varphi \, b_I$; $d_{I1} = 2a_I/(i_I + 1)$; $d_{II1} = 2a_{II}/(i_{II} + 1)$; $a_{II} = a_I$

ergibt sich schließlich:

$$i_I^2/(i_I + 1)^3 = \varphi^3 \, i_{II}/(i_{II} + 1)^3 \cdot k_{II}/k_I \qquad (9)$$

Nimmt man für die zunächst behandelten versetzten Getriebe gleichen Werkstoff in beiden Stufen an, so hängt die Aufteilung der Untersetzungen in $i_I$ und $i_{II}$ also noch von dem Stufensprung $\varphi$ ab, der gewählt wird. Es kommt in Frage für $\varphi$ die Größe 1,4 oder 1,6.

Für die Rechnung können die Leistungen der Tabelle 6 verwendet werden, gegebenenfalls mit Benutzung der Gleichung (3).

Mit dem Wert $\varphi = 1{,}41$ und dem Achsabstand $a_I = 315$ ergibt sich für $a_{II} = 1{,}41 \cdot 315 = 450$. Die Leistung bei $n_o = 1450 \, \text{min}^{-1}$ und $i_I = 2$ beträgt (nach Tab.6) 310 kW. Bei dem Achsabstand $a_{II} = 450$ findet sich für $i_{II} = 3{,}15$ und $n = 710 \, \text{min}^{-1}$ beträgt die Leistung 338 kW. Da hier die Umlaufzahl $1450/i_I = 725 \, \text{min}^{-1}$ beträgt, wäre die Leistung $N_{3,15} = 338 \cdot 725/710 = 350$ kW. Für $i_{II}$ erhält man auf dieselbe Weise $N_{3,55} = 297$ kW. Die genaue Ausnutzung beider Stufen ist nicht möglich, da Zwischenwerte der Untersetzungen durch die Auswahl nach Tabelle 1 nicht gegeben sind. Maßgebend für die Getriebeleistung ist natürlich die kleinere Stufenleistung. Also in obigem Beispiel mit $i_I = 2$; $i_{II} = 3{,}15$; $i_g = 2 \cdot 3{,}15 = 6{,}3$ ist für die Getriebeleistung die Leistung der I.Stufe mit $N_{zul} = 310$ kW maßgebend. Die 350 kW der II.Stufe werden nicht ausgenutzt. Wählte man $i_{II} = 3{,}55$, dann wäre die Leistung der II.Stufe, nämlich 297 kW, für das ganze Getriebe maßgebend und die I.Stufe würde nicht ausgenutzt. Eine allgemeine Regel, welche Stufe ausgenutzt werden soll, ist kaum möglich. Es kann ein schwingungsfreier Antrieb durch Elektromotor vorliegen und auf der Abtriebsseite (II.Stufe) von der Arbeitsmaschine her Schwingungen auftreten, die dort die volle Ausnutzung untunlich erscheinen lassen. Es kann umgekehrt der Antrieb durch einen Verbrennungsmotor Schwingungen erhalten und der Abtrieb schwingungsfrei verlaufen, so daß in diesem Falle die II.Stufe voll auszunutzen und die

I.Stufe zu schonen wäre. Eine allgemeine Berücksichtigung ist also nicht möglich, wenn auch oft erstrebt wird, die rasch laufende I.Stufe zu schonen.

Die Werte für die Aufteilung der Untersetzung nach gleicher Stufenleistung sind in Abbildung 8 dargestellt. Zu jedem Wert von $i_I$ gehört der auf derselben Ordinate liegende Wert von $i_{II}$. Man sieht, daß die Untersetzungen für die II.Stufe sich weniger ändern als $i_I$. Bei kleinerer Gesamtübersetzung wird $i_{II} > i_I$, bei größerem Werte von $i_g$ wird $i_{II} < i_I$. Gegenüber den ausgezogenen Linien für $\varphi = 1,41$ liegen die gestrichelten Linien für $\varphi = 1,6$ weiter auseinander, $i_I$ liegt tiefer und $i_{II}$ höher. Ein besonderer Grund von dem meist eingeführten Sprung 1,41 abzugehen, ist aus den Leistungslinien nicht ersichtlich. Es ist daher der Sprung $\varphi = 1,41$ für den Achsabstand der II.Stufe beibehalten worden.

Bei der ohnehin nur angenähert möglichen Berücksichtigung gleicher Stufenleistung ist in der Aufteilung der Untersetzungen nach Tabelle 13 vor allem auf die Beschränkung der Verschiedenheit von $i_{II}$ Wert gelegt: Im Hauptbereich erscheinen $i_{II} = 3,55$ und 4,5 als Vorzugsuntersetzungen.

### c) Versetzte Getriebe mit gehärteten Zahnrädern

Bei den Getrieben mit gehärteten Zahnrädern ist das übertragbare Drehmoment durch die Zahnfußstärke gegeben, ist also abhängig vom Modul der Verzahnung. Zum Erreichen gleicher Leistungen in den verschiedenen Stufen ist daher bei Getrieben mit gehärteten Zahnrädern keine so eindeutige Aufteilung der Übersetzungen auf die verschiedenen Stufen eines Getriebes gegeben wie bei Getrieben mit ungehärteten Rädern. Insbesondere läßt sich bei langsamer laufenden Stufen ein größerer Modul bei verringerter Zähnezahl verwenden. Es ergibt sich z.B. für $n = 725\ min^{-1}$ bei $i = 4,5$ und $a = 200$ nach Tabelle 11 eine Leistung von 53 kW, Richtwert des Moduls ist 3,5, Tabelle 7. Das Ritzel hätte $z_1 = 20$ Zähne. Würde der Modul auf 4,5 bei gleicher Radbreite erhöht, so steigt das Drehmoment und die Leistung auf $(4,5/3,5)^2 \cdot 53 = 87,5$ kW, also im Quadrat der Modulwerte. Diese Leistung entspricht bereit den Leistungen des nächst höheren Getriebes. Die Laufruhe läßt sich in den langsameren Stufen auch schon mit geringeren Zahnschrägen erreichen, so daß die Lager neben der Entlastung durch die geringere Drehzahl auch axial geringer beansprucht werden. In dem Beispiel wäre die Ritzelzähnezahl bei $m = 4,5$ mit 16 in der II.Stufe durchaus möglich. Es muß allerdings das Drehmoment durch einen Abtriebszapfen D übertragbar sein, der einbaufähige Lagergrößen zuläßt.

## Tabelle 13

### S-Getriebe IIstufig
### Aufteilung der Übersetzung

| $i_g$ | T G L* | | Vorschlag | |
|---|---|---|---|---|
| | $i_I$ | $i_{II}$ | $i_I$ | $i_{II}$ |
| 6,3  |      |      | 2    | 3,15 |
| 7,1  | 2,8  | 2,5  | 2    | 3,55 |
| 8,0  | 3,15 | 2,5  | 2,24 | 3,55 |
| 9,0  | 3,15 | 2,8  | 2,5  | 3,55 |
| 10,0 | 3,55 | 2,8  | 2,8  | 3,55 |
| 11,2 | 3,55 | 3,15 | 3,15 | 3,55 |
| 12,5 | 4    | 3,15 | 3,55 | 3,55 |
| 14,0 | 4    | 3,55 | 4    | 3,55 |
| 16,0 | 4,5  | 3,55 | 4,5  | 3,55 |
| 18,0 | 4,5  | 4    | 5    | 3,55 |
| 20,0 | 5    | 4    | 4,5  | 4,5  |
| 22,4 | 5    | 4,5  | 5    | 4,5  |
| 25,0 | 5,6  | 4,5  | 5,6  | 4,5  |
| 28,0 | 5,6  | 5    | 6,3  | 4,5  |
| 31,5 | 6,3  | 5    | 7,1  | 4,5  |
| 35,5 | 6,3  | 5,6  | 6,3  | 5,6  |
| 40,0 | 7,1  | 5,6  | 7,1  | 5,6  |
| 45,0 |      |      | 8    | 5,6  |
| 50,0 |      |      | 8    | 6,3  |

*Aus den Angaben der Leistung errechnet

# Tabelle 14

## S-Getriebe IIstufig, versetzt

### Allgemeine Abmessungen für ungehärtete Räder

| Sp. | Achsabstand a | 205 | 240 | 305 | 340 | 384 | 430 | 480 | 539 | 605 | 680 | 765 | 855 |
|---|---|---|---|---|---|---|---|---|---|---|---|---|---|
| 1 | $a_I$ | 80 | 100 | 125 | 140 | 160 | 180 | 200 | 224 | 250 | 280 | 315 | 355 |
| 2 | $a_{II}$ | 125 | 140 | 180 | 200 | 224 | 250 | 280 | 315 | 355 | 400 | 450 | 500 |
| 3 | $i_{Imin} = {}^2i \; d_{bI1max}/2$ | 26,7 | 33,3 | 41,7 | 46,7 | 53,3 | 60 | 67,7 | 75 | 83,3 | 93,3 | 105 | 118,3 |
| 4 | Kopfhöhe $h_{k1max}$ | 3 | 3 | 4 | 4 | 5 | 5 | 5 | 6 | 7 | 8 | 9 | 10 |
| 5 | Spiel $S_{P1}$ | 20 | 20 | 20 | 20 | 20 | 22 | 22 | 32 | 32 | 35 | 40 | 50 |
| 6 | Wandstärke $S_W$ | 8 | 8 | 12 | 12 | 12 | 16 | 16 | 16 | 16 | 20 | 20 | 20 |
| 7 | Rand $S_r$ | 30 | 30 | 35 | 35 | 35 | 40 | 40 | 40 | 40 | 50 | 60 | 70 |
| 8 | $c_I = d_{bI1}/2 + h_{k1} + S_{P1} + S_W + S_r$ | 87,7 | 94,3 | 112,7 | 117,7 | 125,3 | 143 | 150,7 | 169 | 178,3 | 206,3 | 234 | 268,3 |
| 9 | $d_{bII2}/2$; $i_{IImax} = 6,3$ | 107,8 | 121 | 155,5 | 173 | 194,5 | 216 | 242 | 272 | 313 | 345 | 389 | 432 |
| 10 | $h_{K2max}$ | 3 | 4 | 5 | 5 | 6 | 7 | 8 | 9 | 10 | 12 | 15 | 15 |
| 11 | $S_{P2}$ | 12 | 15 | 15 | 15 | 15 | 20 | 20 | 30 | 30 | 35 | 40 | 50 |
| 12 | $c_{II} = d_{bII2}/2 + h_{KII2} + S_{PII} + S_W + S_r$ | 160,8 | 178 | 223,5 | 240 | 262,5 | 299 | 326 | 367 | 409 | 462 | 524 | 587 |
| 13 | $c_I$ gewählt | 85 | 95 | 110 | 120 | 125 | 145 | 150 | 170 | 180 | 205 | 235 | 270 |
| 14 | $c_{II}$ | 160 | 180 | 225 | 240 | 260 | 300 | 325 | 365 | 410 | 460 | 525 | 590 |
| 15 | $l_{max} = c_I + c_{II} + a$ | 450 | 515 | 640 | 700 | 770 | 875 | 955 | 1075 | 1200 | 1350 | 1525 | 1715 |
| 16 | $d_S$ | 14 | 14 | 18 | 23 | 23 | 23 | 27 | 27 | 33 | 33 | 39 | 39 |
| 17 | $e_1 \sim 1/2\,(c_I - S_r) + a$ | 235 | 270 | 340 | 380 | 425 | 480 | 535 | 605 | 675 | 755 | 850 | 955 |
| 18 | $e_2 \sim 2/3\,(c_{II} - S_r)$ | 80 | 100 | 120 | 140 | 150 | 170 | 180 | 210 | 240 | 270 | 310 | 350 |
| 19 | $e \sim e_1 + e_2 + 3d_S$ | 360 | 420 | 520 | 590 | 645 | 720 | 800 | 900 | 1015 | 1125 | 1280 | 1425 |
| 20 | S | 20 | 20 | 28 | 35 | 35 | 35 | 45 | 45 | 55 | 55 | 70 | 70 |

$e_3 \sim a_{II}/2$

## Tabelle 16
### S-Getriebe, IIstufig versetzt
### Ungehärtete Räder

Achsenbreite m, Getriebebreite, Zapfen,

| Sp. | Achsabstand a | 205 | 240 | 305 | 340 | 384 | 430 | 480 | 539 | 605 | 680 | 765 | 855 |
|---|---|---|---|---|---|---|---|---|---|---|---|---|---|
| 1 | II.Stufe, $2\,m_{II}$ (Tab.10) | 250 | 280 | 290 | 300 | 320 | 340 | 400 | 420 | 480 | 540 | 600 | 650 |
| 2 | $b_{RI}/2$ | 20 | 25 | 32 | 35 | 40 | 45 | 50 | 57 | 63 | 70 | 79 | 89 |
| 3 | Spiel Sp | 5 | 5 | 8 | 10 | 12 | 12 | 14 | 14 | 14 | 15 | 18 | 18 |
| 4 | $b_{RII}/2$ | 32 | 35 | 45 | 50 | 56 | 63 | 70 | 79 | 89 | 100 | 113 | 125 |
| 5 | $(b_{RII} - b_{RI})/2 = y_m$ | 12 | 10 | 13 | 15 | 16 | 18 | 20 | 22 | 26 | 30 | 34 | 36 |
| 6 | $2m_{II} - y_m$ | 238 | 270 | 277 | 285 | 304 | 322 | 380 | 398 | 454 | 510 | 566 | 614 |
| 7 | $2m =$ 2 bis 6 | 307 | 345 | 375 | 395 | 428 | 460 | 534 | 570 | 646 | 725 | 810 | 882 |
| 8 | m Vorschlag | 155 | 175 | 180 | 200 | 215 | 230 | 270 | 285 | 325 | 365 | 405 | 440 |
| 9 | b  2m - 10 | 300 | 340 | 350 | 390 | 420 | 450 | 530 | 560 | 640 | 720 | 800 | 870 |
| 10 | $b_s$  $b/2 - 1{,}25\,d_s$ | 130 | 150 | 150 | 165 | 180 | 195 | 230 | 245 | 275 | 315 | 350 | 385 |
| 11 | $M_D$ mkg | 16,5 | 32 | 62,2 | 87 | 124 | 177 | 243 | 348 | 482 | 670 | 965 | 1340 |
| 12 | D nach DIN 783 | 35 | 45 | 55 | 60 | 70 | 70 | 80 | 90 | 100 | 110 | 125 | 140 |
| 13 | D nach TGL | - | 50 | 60 | 60 | 70 | 80 | 90 | 100 | 110 | 125 | 140 | 160 |
| 14 | Gewählt | 35 | 50 | 60 | 60 | 70 | 80 | 90 | 100 | 110 | 125 | 140 | 160 |

## Tabelle 17
### S-Getriebe, IIstufig versetzt
### Abmessungen für gehärtete Räder

| Sp. | | Achsabstand a | 240 | 305 | 340 | 384 | 430 | 480 | 539 | 605 | 680 | 765 |
|---|---|---|---|---|---|---|---|---|---|---|---|---|
| 1 | I.Stufe $a_I$ | | 100 | 125 | 140 | 160 | 180 | 200 | 224 | 250 | 280 | 315 |
|   | II.Stufe $a_{II}$ | | 140 | 180 | 200 | 224 | 250 | 280 | 315 | 355 | 400 | 450 |
| 2 | $c_I$ nach Tabelle 14 für $a_I$ | | 95 | 110 | 120 | 125 | 145 | 150 | 170 | 180 | 205 | 235 |
| 3 | $c_{II}$ nach Tabelle 14 für $a_{II}$ | | 180 | 225 | 240 | 262,5 | 300 | 326 | 365 | 409 | 460 | 524 |
| 4 | $l_{max} \sim c_I + c_{II} + a$ | | 515 | 640 | 700 | 775 | 875 | 960 | 1075 | 1195 | 1350 | 1475 |
| 5 | $d_s$ | | 14 | 18 | 23 | 23 | 23 | 27 | 27 | 33 | 33 | 39 |
| 6 | $e_1 \sim 1/2(c_I-s_r) + a$ | | 270 | 340 | 380 | 400 | 480 | 505 | 605 | 635 | 775 | 800 |
| 7 | $e_2 \sim 2/3(c_{II}-s_r)$ | | 100 | 120 | 140 | 150 | 180 | 195 | 210 | 240 | 270 | 310 |
| 8 | $e_3 \sim a_{II}/2$ | | 70 | 90 | 100 | 112 | 125 | 140 | 155 | 175 | 200 | 225 |
| 9 | $e \sim e_1 + e_2 + 3d_s$ | | 420 | 520 | 590 | 620 | 730 | 785 | 900 | 975 | 1145 | 1230 |
| 10 | s | | 20 | 28 | 35 | 35 | 35 | 45 | 45 | 55 | 55 | 70 |
| 11 | II.Stufe, $2m_{II}$ (Tab.12) | | 260 | 300 | 320 | 340 | 370 | 380 | 430 | 460 | 490 | 520 |
| 12 | $b_{RI}/2$ | | 12,5 | 16 | 17,5 | 20 | 22,5 | 25 | 28,5 | 31,5 | 35 | 40 |
| 13 | $s_I$ | | 5 | 8 | 10 | 10 | 10 | 10 | 13 | 12 | 15 | 16 |
| 14 | $b_{RII}/2$ | | 17,5 | 22,5 | 25 | 28 | 31,5 | 35 | 40 | 45 | 50 | 56 |
| 15 | $(b_{RII}-b_{RI})/2 = y_m$ | | 5 | 6,5 | 7,5 | 8 | 9 | 10 | 11,5 | 13,5 | 15 | 16 |
| 16 | $2m_{II} - y_m$ | | 255 | 293,5 | 312,5 | 332 | 361 | 370 | 418,5 | 447,5 | 475 | 504 |
| 17 | $2m = \Sigma$ 12 bis 16 | | 295 | 347 | 373 | 398 | 434 | 450 | 511,5 | 549,5 | 590 | 632 |
| 18 | m  Vorschlag | | 150 | 175 | 190 | 200 | 220 | 225 | 260 | 275 | 295 | 320 |
| 19 | b = 2m - 10 | | 290 | 340 | 370 | 390 | 430 | 440 | 510 | 540 | 580 | 630 |
| 20 | $b_s \sim b/2 - 1,25\, ds$ | | 125 | 145 | 155 | 165 | 185 | 185 | 220 | 225 | 245 | 265 |
| 21 | $M_D$  mkg | | 160 | 270 | 391 | 600 | 906 | 1250 | 1610 | 2000 | 3200 | 4500 |
| 22 | D  (DIN 783) | | 70 | 80 | 90 | 100 | 110 | 125 | 140 | 140 | 160 | 180 |

In Tabelle 17 sind wie bei den Getrieben mit den ungehärteten Rädern die Abmessungen entwickelt. Tabelle 18 enthält die Getriebeleistungen.

### d) Gleichachsige Getriebe mit gehärteten Zahnrädern in der II.Stufe

Die gleichartigen IIstufigen Getriebe (Abb.1i) bilden einen besonderen Fall, denn hier sind die Achsabstände für die I. und die II.Stufe gleich groß und trotzdem muß in der II.Stufe ein größeres Drehmoment übertragen werden. Bei gleichem Werkstoff der Räder müßten zur vollen Ausnutzung der Verzahnung verschiedene Radbreiten verwendet werden. Dies stößt auf Schwierigkeiten, weil die verwendeten Radbreiten für die Istufigen Getriebe mit 0,5a kaum für die II.Stufe erhöht werden können und weil schmalere Räder in der I.Stufe geringere Leistungen ergeben. Es wird daher vorgeschlagen, grundsätzlich in der I.Stufe ungehärtete und in der II.Stufe gehärtete Räderpaare zu verwenden, wobei die Zahnbreiten von 0,5 bzw. 0,25 a den sonst gewählten Größen entsprechen. Man kann mit dieser Anordnung über die Werte der Tabelle 20 bzw. der Abbildung 7 hinaus die gleichen Leistungen erreichen wie bei Verwendung von gehärteten Radpaaren in beiden Stufen. Dabei werden die Schwierigkeiten vermieden, die bei gehärteten Rädern hinsichtlich der Laufruhe in der I.Stufe leicht auftreten. Abbildung 7 zeigt einen Leistungsvergleich, bei dem die Getriebe nach obigem Vorschlag trotz sehr vorsichtiger Rechnung gute Ergebnisse bringen.

Tabelle 19 zeigt die Entwicklung der Abmessungen, Tabelle 20 die Leistungen. Bei bester Werkstattarbeit erscheint bei diesen eine Erhöhung bis zu 30 % möglich.

Welle I kann in der Mitte zwischen den beiden Zahnrädern noch ein drittes Mal gelagert werden. Die Lagerbelastung für die dreifach gelagerte Welle ergibt sich aus dem Beispiel, Seite 47. Da das mittlere Lager den größten Teil der Umfangskräfte aufnimmt, ist es auf jeden Fall von Axialkräften zu entlasten. Diese werden am besten am Außenlager der I.Stufe aufgenommen. Im übrigen kann durch verschiedene Steigungsrichtung der Verzahnungen ein weitgehender Ausgleich des Axialschubes bewirkt werden.

## Tabelle 19
### S-Getriebe IIstufig gleichachsig

| | Achsabstand a | 100 | 125 | 140 | 160 | 180 | 200 | 224 | 250 | 280 | 315 | 355 | 400 |
|---|---|---|---|---|---|---|---|---|---|---|---|---|---|
| 1 | $d_{I2/2}$ Tabelle 3 | 89 | 111 | 125 | 142 | 160 | 178 | 200 | 222 | 250 | 280 | 315 | 355 |
| 2 | $d_{II2/2} = \frac{6,3}{7,3} a;\ i_{max} = 6,3$ | 86,3 | 108 | 121 | 138 | 155 | 173 | 194 | 216 | 242 | 272 | 308 | 345 |
| 3 | Kopfhöhen $h_{KI2} + h_{KII2}$ | 10 | 10 | 10 | 14 | 14 | 14 | 14 | 16 | 18 | 20 | 24 | 30 |
| 4 | Spiel $Sp_1 + Sp_2$ (Tab.3) | 40 | 40 | 40 | 40 | 40 | 40 | 45 | 45 | 45 | 20 | 20 | 20 |
| 5 | $2(S_W + S_R)$ (Tab.3) | 76 | 76 | 76 | 84 | 84 | 84 | 84 | 112 | 112 | 112 | 112 | 140 |
| 6 | Summe Zeile 1 ÷ 5 + a | 402 | 470 | 512 | 578 | 633 | 689 | 762 | 861 | 947 | 1019 | 1132 | 1290 |
| 7 | $l_{max}$ Vorschlag | 400 | 470 | 515 | 580 | 635 | 690 | 765 | 865 | 950 | 1020 | 1140 | 1290 |
| 8 | Schrauben $e_1$ | 175 | 215 | 245 | 275 | 300 | 340 | 395 | 410 | 475 | 535 | 605 | 680 |
| 9 | $e_2$ Tabelle 3 | 70 | 90 | 100 | 110 | 120 | 140 | 150 | 170 | 180 | 200 | 225 | 250 |
| 10 | $e_3 \sim a/2$ | 50 | 65 | 70 | 80 | 90 | 100 | 115 | 125 | 140 | 160 | 180 | 200 |
| 11 | $e \sim e_1 + e_2 + 4d_s$ | 300 | 375 | 415 | 475 | 510 | 570 | 650 | 685 | 760 | 865 | 960 | 1085 |
| 12 | $d_s$ | 14 | 18 | 18 | 23 | 23 | 23 | 27 | 27 | 27 | 33 | 33 | 39 |
| 13 | S Vorschlag | 20 | 28 | 28 | 36 | 36 | 36 | 45 | 45 | 45 | 55 | 55 | 70 |
| 14 | Achsenbreite I.Stufe $m_I - S_{sI/2}$ (Tab.10) | 95 | 100 | 115 | 130 | 135 | 145 | 155 | 165 | 195 | 200 | 230 | 260 |
| 15 | $b_{RI/2} + S_{SI}$ | 30 | 35 | 40 | 45 | 50 | 60 | 65 | 72 | 80 | 85 | 100 | 110 |
| 16 | Radlagerbreite $b_1$ | 31 | 31 | 39 | 39 | 39 | 39 | 42 | 44 | 56 | 53 | 58 | 64 |
| 17 | $S_f$ | 5 | 5 | 10 | 10 | 10 | 10 | 10 | 10 | 15 | 15 | 15 | 15 |
| 18 | Radlagerbreite $b_{II}$ (Höchstwert) | 33 | 42,5 | 46 | 49 | 52 | 58,5 | 64 | 73 | 73 | 86 | 86 | 102 |
| 19 | $S_{II} \sim \frac{1}{2}(b_{RI} - b_{RII}) + S_I$ | | 23,5 | 24,8 | 27,5 | 32 | 36,5 | 37,5 | 35,5 | 39,5 | 41 | 41 | 46,5 | 49 |
| 20 | $m_{II}$ (Tab.12) | 100 | 110 | 130 | 135 | 150 | 160 | 170 | 185 | 190 | 215 | 230 | 245 |
| 21 | 2m (Summe Zeile 14 + 20) | 330 | 365 | 435 | 460 | 495 | 535 | 570 | 620 | 685 | 735 | 810 | 895 |
| 22 | m (Vorschlag) | 165 | 185 | 220 | 230 | 250 | 270 | 285 | 310 | 345 | 370 | 405 | 450 |
| 23 | Firma X. Alle Zahnräder hart | 160 | | 200 | 215 | 235 | 250 | | 280 | 300 | | | 360 |
| 24 | $b \sim 2m - 10$ | 320 | 350 | 420 | 450 | 480 | 520 | 560 | 610 | 670 | 720 | 800 | 880 |
| 25 | $b_s \sim b/2 - 1,25 d_s$ | 140 | 150 | 185 | 195 | 210 | 230 | 245 | 270 | 300 | 315 | 355 | 390 |

Stützdruck $A_m$ des Mittellagers der Zwischenwelle (Abb.9).

Nach FÖPPL, Technische Mechanik, Festigkeitslehre, Teubner-Verlag, 1922, S.194.

$$x_{55} A_m = x_{57} Z_I + x_{53} Z_{II} \tag{10a}$$

$$x_{53} = 12,5 \cdot 38,0 \, (63^2 - 12,5^2 - 38^2)/6EI\ell = 1\,130\,000/6EI\ell \tag{10b}$$

$$x_{57} = \frac{16,65 \cdot 25}{6 \, EI\ell} (63^2 - 12,5^2 - 25^2) = 1\,330\,000/6 \, EI\ell \tag{10c}$$

$$x_{55} = 25^2 \cdot 38^2 / 3 \, EI\ell \tag{10d}$$

$A_m = (1\,330\,000 \, Z_{II} + 1\,130\,000 \, Z_I)/(2 \cdot 915\,000)$

$A_m = 0,728 \, Z_{II} + 0,618 \, Z_I$

Für $i_g = 8$. $i_I = 2,5$. $n_I = 1450/2,5 = 580 \text{ min}^{-1}$

$Z_I = U_n / \cos 20° = 2\,950 / \cos 20° = 3\,150 \text{ kp}$

$Z_{II} = 9\,100 / \cos 20° = 9\,690 \text{ kg}$

$A_m = 7\,050 + 1\,950 = 9\,000 \text{ kg}$.

Pendelrollenlager 223 24   120/260/86   $C = 68\,000$   $f_n = 0,388$

$f_L = 0,388 \cdot 68\,000 / 9\,000 = 2,93$

Lebensdauer 12 500 h.

$A_\ell = (9\,690 \cdot 50,5 + 3\,150 \cdot 19 - 9\,000 \cdot 38)/ 63 = 3\,270 \text{ kp}$

$A_r = 560 \text{ kp}$

Achsialer Schub $A_I$:

$A_I = U_{nI} \, \text{tg} \, \beta_I - U_{nII} \, \text{tg} \, \beta_{II} = 2\,950 \, \text{tg} \, 14° - 9\,100 \, \text{tg} \, 7°$

$\quad = 385 \text{ kp}$.

## 3. Das IIIstufige S-Getriebe

In dem IIIstufigen Getriebe, Abbildung 10, ist eine geometrische Beziehung zwischen der I. und III.Stufe bei der Aufteilung der Untersetzungen auf die drei Stufen zu beachten. Da nach Abbildung 11 diese beiden Stufen teilweise in einer gemeinsamen Ebene senkrecht zu den Achsen liegen, darf das Ritzel $d_{III1}$ der III.Stufe nicht zu groß werden, um nicht in das Rad $d_{I2}$ der I.Stufe einzudringen; es muß zwischen den Zahnköpfen ein Spiel e frei bleiben. Demnach gilt:

$$d_{I2}/2 + h_{kI} + e + h_{kIII} + d_{III1}/2 \leq a_{II} = \varphi_I \, a_I$$

Es sei $h_{kI} + e + h_{kIII} = 0,08 \, a_I$; Ferner gilt: $d_{I2}/2 = a_I i_I/(i_I + 1)$; $d_{III1}/2 = a_{III}/(i_{III} + 1)$; $a_{II} = \varphi_I a_I$; $a_{III} = \varphi_{II} = \varphi_I \varphi_{II} a_I$.
Somit:

$$i_I/(i_I + 1) + \varphi_I \varphi_{II}/(i_{III} + 1) \leq \varphi_I - 0,08 \qquad (11)$$

Wird bei Verwendung ungehärteter Räder $\varphi_I = 1,41 = \varphi_{II}$ in allen Stufen verwendet, so ergibt sich:

$$2/(i_{III} + 1) \leq 1,33 - i_I/(i_I + 1); \quad i_{III} \geq \frac{2}{1,33 - i_I/(i_I + 1)} - 1 \qquad (12)$$

In Abbildung 12 ist der Verlauf dieses Zusammenhanges in der ausgezogenen Linie dargestellt.

In der III.Stufe werden nur die Untersetzungen 3,55 und 4,5 verwendet.

Für den Fall der Stufensprünge $\varphi_I = 1,41$ und $\varphi_{II} = 1,24$ erhält Gleichung (11) den Wert:

$$i_{III} \geq \frac{1,75}{1,33 - i_I/(i_I + 1)} - 1 \qquad (13)$$

Dieser Zusammenhang ist in Abbildung 12 strichpunktiert dargestellt.
Man erkennt, daß in beiden Fällen die gestrichelt eingezeichneten Vorzugsübersetzungen brauchbar sind. Gewählt wird auch für das IIIstufige Getriebe $\varphi_I - \varphi_{II} = 1,41$. Konstruktiv sind für die I.Stufe zwei Anordnungen möglich und üblich. Entweder liegt nach Abbildung 10 das Ritzel der I.Stufe über der II. oder es liegt in derselben waagerechten Ebene wie die drei anderen Bohrungen (Abb.14). Das größte Rad der III.Stufe hat bei $i_{III} = 4,5$ den Halbmesser $d_{III2}/2 = a_{III} \cdot 4,5/5,5 = \varphi_I \varphi_{II} a_I \cdot 4,5/5,5 = 1,62 \, a_I.$ $\qquad (14)$

Der Abstand $e_d$ des größten Ritzels in der I.Stufe von der Bohrungsebene der III.Stufe nach Abbildung 10 beträgt für $i_{min} = 2,5$:

$$e_d = a_I + d_{I1}/2 = a_I + a_I/(2,5 + 1) = 1,286\, a_I \qquad (15)$$

Da dieser Wert kleiner ist als derjenige der Gleichung (14), so findet bei waagerechtem Verlauf des Gehäuseoberteiles die I.Stufe über der II. Platz. Demnach ist die Ausführung nach Abbildung 10 zugrunde gelegt, da sie an Länge des Gehäuses spart.

Die übertragbare <u>Leistung</u> des IIIstufigen Getriebes ist aus dem Drehmoment bestimmt, das in der III.Stufe durch die Beanspruchung der Verzahnung, der Lager oder des Abtriebszapfens aufgenommen werden kann. Konstruktiv ist das größte Wälzlager durch die größte Bohrung bestimmt, die bei gegebenem Achsabstand $a_{III}$ noch im Gehäuse untergebracht werden kann. Da dies auch von dem Platz abhängt, den der Durchmesser des Lagers für die II.Stufe benötigt, ist in der II.Stufe für geringe Lagerbeanspruchung zu sorgen. Zu beeinflussen ist dabei lediglich die Größe des Axialdruckes, indem für die Zahnschräge in der II. und III.Stufe Werte gewählt werden, die ein weitgehendes gegenseitiges Aufheben der Zahndrücke in axialer Richtung ergeben. Ist auf diesem Wege das größtmögliche Lager für die III.Stufe bestimmt, so ist damit auch der größte Durchmesser des Abtriebszapfens festgelegt. Dieser bestimmt das Abtriebsdrehmoment und ist somit auch für die Leistung des Getriebes maßgebend.

T a b e l l e   21

Aufteilung der Untersetzung, S-Getriebe IIIstufig

| $i_g$ | 31,5 | 35,5 | 40 | 45 | 50 | 56 | 63 | 71 | 80 | 90 | 100 | 112 | 125 | 140 | 160 | 180 | 200 |
|---|---|---|---|---|---|---|---|---|---|---|---|---|---|---|---|---|---|
| $i_I$ | 2,5 | 2,8 | 3,15 | 3,55 | 4 | 4,5 | 5 | 4,5 | 5 | 5,6 | 6,3 | 5,6 | 6,3 | 7,1 | 6,3 | 7,1 | 8 |
| $i_{II}$ | 3,55 | | | | | | | 4,5 | | | | | | | 5,6 | | |
| $i_{III}$ | 3,55 | | | | | | | | | | | | | 4,5 | | | |

## Tabelle 22

### S-Getriebe IIIstufig
### Allgemeine Abmessungen für ungehärtete Räder

| Sp. | | | | | | | | | | |
|---|---|---|---|---|---|---|---|---|---|---|
| | Achsabstand $a = a_{II} + a_{III}$ | 340 | 430 | 480 | 539 | 605 | 680 | 765 | 855 | 960 |
| 1 | Abstand $a_I$ | 100 | 125 | 140 | 160 | 180 | 200 | 224 | 250 | 280 |
| | $a_{II}$ | 140 | 180 | 200 | 224 | 250 | 280 | 315 | 355 | 400 |
| | $a_{III}$ | 200 | 250 | 280 | 315 | 355 | 400 | 450 | 500 | 560 |
| 2 | $i_{Imax} = 8$; $d_{I2/2} = a_I \frac{i_I}{i_I + 1}$ | 89 | 111 | 125 | 142 | 160 | 178 | 199 | 222 | 248 |
| 3 | Kopfhöhe $h_{k1max.}$ | 3 | 4 | 4 | 5 | 5 | 5 | 6 | 7 | 8 |
| 4 | Spiel $S_{p_1}$ | 20 | 20 | 20 | 20 | 22 | 22 | 32 | 32 | 35 |
| 5 | Wandstärke $S_W$ | 8 | 12 | 12 | 12 | 16 | 16 | 16 | 16 | 20 |
| 6 | Rand $S_r$ | 30 | 35 | 35 | 35 | 40 | 40 | 40 | 40 | 50 |
| 7 | $c_{II} = d_{I2/2} + h_{k1} + S_{p1} + S_W + S_r$ | 150 | 182 | 196 | 219 | 243 | 261 | 293 | 317 | 361 |
| 8 | $i_{IIImax} = 4,5$; $d_{III2/2} = a_{III} \cdot \frac{i_m}{i_{III} + 1}$ | 163,7 | 205 | 229 | 258 | 291 | 328 | 369 | 410 | 459 |
| 9 | $h_{kIII2max.}$ | 5 | 7 | 8 | 9 | 10 | 12 | 15 | 15 | 15 |
| 10 | $S_{p2}$ | 15 | 15 | 15 | 20 | 20 | 20 | 20 | 20 | 25 |
| 11 | $c_{III} = d_{III2/2} + h_{kIII2} + S_{p2} + S_W + S_r$ | 222 | 274 | 299 | 334 | 377 | 416 | 460 | 501 | 569 |
| 12 | $c_{II}$ gewählt | 150 | 185 | 195 | 220 | 245 | 260 | 295 | 320 | 360 |
| 13 | $c_{III}$ gewählt | 220 | 275 | 300 | 335 | 380 | 415 | 460 | 500 | 570 |
| 14 | $l_{max} = c_{II} + c_{III} + a$ | 710 | 890 | 975 | 1095 | 1230 | 1355 | 1520 | 1675 | 1890 |
| 15 | $d_s$ | 23 | 23 | 23 | 27 | 27 | 33 | 33 | 39 | 39 |
| 16 | $e_1 \sim 1/2(c_{II} - S_r) + a$ | 390 | 490 | 545 | 610 | 685 | 765 | 865 | 965 | 1085 |
| 17 | $e_2 \sim 2/3(c_{III} - S_r)$ | 120 | 150 | 165 | 185 | 215 | 235 | 275 | 300 | 335 |
| 18 | $e_3 \sim a_{III}/2$ | 100 | 125 | 140 | 160 | 180 | 200 | 225 | 250 | 280 |
| 19 | $e = e_1 + e_2 + 3 d_s$ | 580 | 710 | 780 | 875 | 980 | 1100 | 1240 | 1385 | 1540 |
| 20 | S | 35 | 35 | 35 | 45 | 45 | 55 | 55 | 70 | 70 |
| 21 | h | 224 | 280 | 315 | 355 | 400 | 450 | 500 | 560 | 630 |
| 22 | $h_{gmax} \sim h + 2a_I$ | 450 | 530 | 600 | 675 | 760 | 850 | 950 | 1060 | 1190 |
| 23 | $M_{dIII}$ ; $i = 31,5$ [cmkp] | 14800 | 28000 | 40000 | 60000 | 84000 | 125000 | 175000 | 240000 | 340000 |
| 24 | Abtriebszapfen, Durchm. D | 70 | 90 | 90 | 100 | 110 | 125 | 140 | 160 | 180 |
| 25 | Abtriebszapfen, Länge L | 150 | 180 | 180 | 210 | 210 | 250 | 250 | 300 | 300 |

| $i_g$ | Antrieb $n_o\,\mathrm{min}^{-1}$ | $a_I$ 100<br>a 340 | 125<br>430 | 140<br>480 | 160<br>539 |
|---|---|---|---|---|---|
| 31,5 | 710<br>950<br>1450 | 4<br>5,1<br>7 | 7,8<br>10<br>13,8 | 11<br>14,5<br>20 | 17<br>22<br>30 |
| 35,5 | 710<br>950<br>1450 | 3,6<br>4,7<br>6,4 | 7<br>9,2<br>12,6 | 10,5<br>13,5<br>18,5 | 15<br>20<br>27,5 |
| 40 | 710<br>950<br>1450 | 3,2<br>4,2<br>5,8 | 6,4<br>8,3<br>11,3 | 9,3<br>12<br>16,5 | 14<br>18<br>25 |
| 45 | 710<br>950<br>1450 | 2,9<br>3,8<br>5,2 | 5,6<br>7,3<br>10 | 8,5<br>11<br>15 | 12<br>16<br>22 |
| 50 | 710<br>950<br>1450 | 2,6<br>3,4<br>4,7 | 5,2<br>6,7<br>9,2 | 7,7<br>10<br>13,7 | 11<br>14,5<br>20 |
| 56 | 710<br>950<br>1450 | 2,3<br>3,1<br>4,2 | 4,7<br>6,0<br>8,3 | 7<br>9<br>12,3 | 10<br>13<br>18 |
| 63 | 710<br>950<br>1450 | 2,0<br>2,7<br>3,7 | 4,1<br>5,4<br>7,4 | 6,2<br>8<br>11 | 9<br>11,5<br>16 |
| 71 | 710<br>950<br>1450 | 1,85<br>2,4<br>3,3 | 3,6<br>4,8<br>6,5 | 5,3<br>7<br>9,5 | 7,9<br>10<br>14 |
| 80 | 710<br>950 | 1,7 | 3,2 | 4,8 | 7 |

| and | | | | | Abtrieb |
|---|---|---|---|---|---|
| | 200 | 224 | 250 | 280 | |
| | 680 | 765 | 855 | 960 | $n_{III} min^{-1}$ |
| 4 | 34 | 35 | 68 | 96 | 22,5 |
| | 45 | 63 | 88 | 125 | 30 |
| 2 | 61 | 86 | 120 | 170 | 46 |
| 2 | 31 | 44 | 62 | 88 | 20 |
| | 40 | 57 | 80 | 110 | 26,7 |
| 9 | 55 | 78 | 110 | 155 | 40,8 |
| 0 | 28 | 40 | 56 | 80 | 17,7 |
| | 36 | 52 | 73 | 103 | 23,7 |
| 5 | 50 | 71 | 100 | 141 | 36,2 |
| 7 | 25 | 36 | 50 | 72 | 15,8 |
| | 33 | 47 | 66 | 93 | 21 |
| 1 | 45 | 64 | 90 | 127 | 32,3 |
| 6 | 23 | 33 | 46 | 65 | 14,2 |
| | 30 | 42 | 60 | 85 | 19 |
| 8 | 41 | 58 | 81 | 116 | 29 |
| 4 | 20 | 29 | 41 | 59 | 12,7 |
| | 27 | 38 | 54 | 76 | 17 |
| 5 | 37 | 52 | 73 | 104 | 25,9 |
| 2 | 18 | 25 | 36 | 52 | 11,3 |
| | 24 | 33 | 47 | 67 | 15 |
| 2 | 33 | 46 | 64,5 | 92 | 23 |
| 1 | 16 | 22 | 31 | 45 | 10 |
| | 21 | 29 | 41 | 59 | 13,3 |
| 9,5 | 29 | 40 | 56 | 80 | 20,4 |
| 0 | 14,5 | 20 | 28 | 41 | 8,9 |

| | | | | | |
|---|---|---|---|---|---|
| | 1450 | 3,0 | 5,8 | 8,5 | 12,5 |
| 90 | 710 | 1,45 | 2,8 | 4,2 | 6,2 |
| | 950 | 2,0 | 3,7 | 5,5 | 8 |
| | 1450 | 2,6 | 5,1 | 7,5 | 11 |
| 100 | 710 | 1,25 | 2,5 | 3,7 | 5,3 |
| | 950 | 1,65 | 3,2 | 4,9 | 7 |
| | 1450 | 2,25 | 4,4 | 6,6 | 9,5 |
| 112 | 710 | 1,1 | 2,2 | 3,1 | 4,7 |
| | 950 | 1,45 | 2,9 | 4,1 | 6,1 |
| | 1450 | 2,0 | 4,0 | 5,6 | 8,3 |
| 125 | 710 | 1,0 | 2,0 | 2,8 | 4,2 |
| | 950 | 1,3 | 2,6 | 3,6 | 5,4 |
| | 1450 | 1,8 | 3,6 | 5,0 | 7,4 |
| 140 | 710 | 0,9 | 1,8 | 2,5 | 3,6 |
| | 950 | 1,15 | 2,3 | 3,2 | 4,8 |
| | 1450 | 1,6 | 3,2 | 4,4 | 6,5 |
| 160 | 710 | 0,8 | 1,55 | 2,2 | 3,3 |
| | 950 | 1,05 | 2,0 | 2,9 | 4,3 |
| | 1450 | 1,45 | 2,8 | 4,0 | 5,9 |
| 180 | 710 | 0,7 | 1,4 | 2,0 | 3,0 |
| | 950 | 0,9 | 1,8 | 2,5 | 3,9 |
| | 1450 | 1,25 | 2,5 | 3,5 | 5, |
| 200 | 710 | 0,6 | 1,2 | 1,7 | 2, |
| | 950 | 0,8 | 1,6 | 2,2 | 3,4 |
| | 1450 | 1,1 | 2,2 | 3,1 | 4, |

T a b

S-Getriebe II

Räder ungehärte

| 7,5 | 26 | 36 | 50 | 72 | 18,1 |
|---|---|---|---|---|---|
| 8,8 | 13 | 18 | 25 | 35 | 7,9 |
|  | 17 | 23 | 32 | 46 | 10,5 |
| 5,5 | 23 | 32 | 44 | 63 | 16,1 |
| 7,7 | 11 | 15,5 | 22 | 31 | 7,1 |
|  | 14,5 | 20 | 28 | 40 | 9,5 |
| 3,6 | 20 | 28 | 39 | 55 | 14,5 |
| 6,6 | 9,6 | 13,5 | 19 | 27 | 6,3 |
|  | 12,5 | 17,5 | 25 | 35 | 8,5 |
| 1,75 | 17 | 24 | 34 | 48 | 12,9 |
| 5,9 | 8,5 | 12 | 17 | 24 | 5,7 |
|  | 11 | 15,5 | 22 | 31 | 7,6 |
| 0,5 | 15 | 21,5 | 30,5 | 43 | 11,6 |
| 5,2 | 7,5 | 10,8 | 15 | 21 | 5,1 |
|  | 9,9 | 14 | 20 | 28 | 6,8 |
| 9,2 | 13,4 | 19 | 27 | 38 | 10,35 |
| 4,7 | 6,9 | 9,6 | 13 | 19 | 4,4 |
|  | 9,0 | 12,5 | 17,5 | 25 | 5,9 |
| 8,3 | 12,2 | 17 | 24 | 34 | 9 |
| 4,2 | 6,2 | 8,5 | 12 | 17 | 3,9 |
|  | 8 | 11 | 15,5 | 22 | 5,3 |
| 7,5 | 11 | 15,2 | 21,5 | 30 | 8,1 |
| 3,7 | 5,4 | 7,6 | 10,7 | 15 | 3,55 |
|  | 7,0 | 10 | 14 | 20 | 4,75 |
| 6,6 | 9,6 | 13,5 | 19 | 27 | 7,25 |

e 23

Leistung [kW]

ßfreier Betrieb

## Tabelle 24
## S-Getriebe IIIstufig
## Abmessungen für gehärtete Räder

| Sp. | | | | | | | | | |
|---|---|---|---|---|---|---|---|---|---|
| | Achsabstand $a = a_{II} + a_{III}$ | 240 | 340 | 430 | 480 | 539 | 605 | 680 | 765 |
| 1 | Abstand $a_I$ | 80 | 100 | 125 | 140 | 160 | 180 | 200 | 224 |
| | $a_{II}$ | 100 | 140 | 180 | 200 | 224 | 250 | 280 | 315 |
| | $a_{III}$ | 140 | 200 | 250 | 280 | 315 | 355 | 400 | 450 |
| 2 | $i_{Imax} = 8;\ d_{I\ 2/2} = a_I \frac{8}{9}$ | 71,1 | 89 | 111 | 125 | 142 | 160 | 178 | 199 |
| 3 | Kopfhöhe $h_K 12$ | 2 | 2 | 2 | 2 | 2 | 3 | 3 | 3 |
| 4 | Spiel Sp | 15 | 20 | 20 | 20 | 20 | 22 | 22 | 32 |
| 5 | Wandstärke $S_W$ | 8 | 8 | 12 | 12 | 12 | 16 | 16 | 16 |
| 6 | Rand $S_r$ | 30 | 30 | 35 | 35 | 40 | 40 | 40 | 40 |
| 7 | $c_{II} = \Sigma$ Zeile 2 bis 6 | 126 | 149 | 180 | 194 | 216 | 241 | 259 | 290 |
| 8 | $i_{IIImax} = 4,5\ d_{III\ 2/2} = a_{III} \frac{4,5}{5,5}$ | 114,5 | 163,5 | 204 | 229 | 257 | 290 | 327 | 368 |
| 9 | $h_{kIII\ 2max}$ | 5 | 5 | 7 | 7 | 9 | 9 | 12 | 12 |
| 10 | $Sp_2$ | 15 | 15 | 15 | 15 | 20 | 20 | 20 | 20 |
| 11 | $c_{III} \sim \Sigma$ Spalte (5,6,8,9,10) | 173 | 223 | 273 | 298 | 338 | 375 | 415 | 456 |
| 12 | $l_{max} \sim c_{II} + c_{III} + a$ | 540 | 715 | 885 | 975 | 1095 | 1225 | 1355 | 1500 |
| 13 | $d_s$ | 23 | 23 | 23 | 27 | 27 | 33 | 33 | 39 |
| 14 | $e_1 \sim 1/2(c_{II} - S_r) + a$ | 290 | 400 | 500 | 560 | 630 | 705 | 790 | 890 |
| 15 | $e_2 \sim 2/3(c_{III} - S_r)$ | 90 | 120 | 150 | 170 | 190 | 220 | 250 | 280 |
| 16 | $e_3 \sim \frac{a}{2} III$ | 70 | 100 | 125 | 140 | 160 | 175 | 200 | 225 |
| 17 | $e = e_1 + e_2 + 3d_s$ | 450 | 590 | 720 | 810 | 900 | 1025 | 1140 | 1290 |
| 18 | s | 35 | 35 | 35 | 45 | 45 | 55 | 55 | 70 |
| 19 | h | 200 | 250 | 315 | 355 | 400 | 450 | 500 | 560 |
| 20 | $h_g \sim h + 2a_I$ | 360 | 450 | 565 | 635 | 720 | 810 | 900 | 1010 |
| 21 | D Abtrieb | 70 | 100 | 125 | 140 | 140 | 160 | 180 | 180 |
| 22 | L | 150 | 210 | 250 | 250 | 250 | 300 | 300 | 300 |

## 4. Vergleich der Ausführungen verschiedener S-Getriebe

Für 1stufige Getriebe mit ungehärteten Rädern sind in Tabelle 26 zu den Werten der vorliegenden Arbeit - im folgenden kurz "nach LINDNER" bezeichnet - in Klammern die zugehörigen Werte der TGL-Blätter (Mitteldeutsche Normung) eingetragen. Es ergibt sich folgendes:

Untersetzungen  Nach TGL     i = 2 bis 6,3
                Nach LINDNER   = 1 bis 8

Es ist jedoch in beiden Fällen dieselbe Untersetzungsreihe verwendet.

### Abmessungen

Für Achsabstand a und Achshöhe h sind in beiden Fällen dieselben geometrischen Reihen gewählt, so daß sich völlige Übereinstimmung ergibt.

Länge $l_{max}$ und Breite b sind bei TGL für geringe Achsabstände etwas kleiner, bei hohen Achsabständen etwas größer.

Bei der Gesamthöhe sind nur unwesentliche Unterschiede. Die Achsbreiten m weichen geringfügig voneinander ab.

Die Ritzelzapfen sind in beiden Fällen bei jedem Gehäuse in zwei Größen vorgesehen, nur liegt entsprechend dem kleineren Untersetzungsbereich TGL die Grenze bei i = 4, LINDNER bei i = 3,55. Die Abweichungen sind in den Durchmessergrößen nicht erheblich, nur die Zapfen sind nach LINDNER durch strenge Anwendung von DIN 783 länger.

Die Länge e der Schraubenleiste, die auf das Gehäusegewicht verhältnismäßig stark einwirkt, ist bei LINDNER gekürzt. Dadurch sind auch Unterschiede in den Abständen der Befestigungsschrauben des Gehäuses vorhanden.

Eine Übernahme der TGL - Werte für die Zapfendurchmesser und Längen wurde nicht für zweckmäßig erachtet, da die Einhaltung der DIN 783 Vorrang haben muß. Die gewählten Schraubenabstände für die verkürzte Schraubenleiste bleiben ebenfalls nach LINDNER bestehen, da diese Bauart auch sonst weitgehend eingeführt ist und eine gewisse Gewichtsersparnis ermöglicht. Der Versuch, die übrigen Werte an die der TGL-Blätter anzugleichen, scheitert für Getriebe unter a = 200, da in der vorliegenden Aufstellung das Gehäuse auch noch für die Untersetzung i = 1 brauchbar sein soll, während TGL sich mit i = 2 als kleinstem Wert begnügt.

Bei Getrieben mit gehärteten Rädern sind keine Werksnormen bekannt, die streng auf geometrischen Reihen des Achsabstandes aufgebaut sind.

| $i_g$ | Antrieb $n_o$ min$^{-1}$ | $a_I$ 80<br>a 240 | 100<br>340 | 125<br>430 | Ac<br>1.<br>4 |
|---|---|---|---|---|---|
| 31,5 | 710<br>950<br>1450 | 3,6<br>5,0<br>7,3 | 9,3<br>13<br>19 | 20<br>28<br>41 | 38 |
| 35,5 | 710<br>950<br>1450 | 3,2<br>4,5<br>6,5 | 8,3<br>11,5<br>17 | 18<br>25,5<br>37 | 39 |
| 40 | 710<br>950<br>1450 | 2,8<br>3,9<br>5,7 | 7,3<br>10<br>15 | 16<br>23<br>33 | 30 |
| 45 | 710<br>950<br>1450 | 2,5<br>3,5<br>5,1 | 6,6<br>9,3<br>13,5 | 14<br>20<br>29 | 27 |
| 50 | 710<br>950<br>1450 | 2,25<br>3,1<br>4,6 | 5,8<br>8,3<br>12 | 12,5<br>18<br>26 | 24 |
| 56 | 710<br>950<br>1450 | 2,0<br>2,8<br>4,1 | 5,4<br>7,6<br>11 | 11<br>16<br>23 | 22 |
| 63 | 710<br>950<br>1450 | 1,8<br>2,5<br>3,7 | 4,7<br>6,6<br>9,6 | 10<br>14,5<br>21 | 19 |
| 71 | 710<br>950<br>1450 | 1,6<br>2,2<br>3,25 | 4,15<br>5,9<br>8,5 | 9<br>12,5<br>18,5 | 17 |
| | 710 | 1,4 | 3,7 | 7,8 | |

| nd | | | | Abtrieb | |
|---|---|---|---|---|---|
| 160 | 180 | 200 | 224 | | |
| 539 | 605 | 680 | 765 | $n_{III}$ min$^{-1}$ | |
| 44 | 55 | 66 | 71 | | 22,5 |
| 62 | 78 | 93 | 100 | 30 | |
| 90 | 113 | 135 | 146 | | 46 |
| 39 | 49 | 59 | 63 | | 20 |
| 55 | 69 | 83 | 90 | 26,7 | |
| 80 | 100 | 120 | 130 | | 40,8 |
| 35 | 44 | 52 | 56 | | 17,7 |
| 49 | 61 | 73 | 79 | 23,7 | |
| 71 | 89 | 106 | 115 | | 36,2 |
| 31 | 39 | 46 | 50 | | 15,8 |
| 43 | 54 | 66 | 71 | 21 | |
| 63 | 79 | 95 | 103 | | 32,3 |
| 28 | 35 | 41,5 | 45 | | 14,2 |
| 39 | 49 | 58 | 63 | 19 | |
| 57 | 71 | 85 | 92 | | 29 |
| 25 | 31 | 37 | 41 | | 12,7 |
| 35 | 43 | 52 | 57 | 17 | |
| 51 | 63 | 76 | 83 | | 25,9 |
| 22 | 27,5 | 33 | 35,5 | | 11,3 |
| 31 | 38 | 46 | 50 | 15 | |
| 45 | 56 | 67,5 | 73 | | 23 |
| 19,5 | 24,5 | 29 | 32 | | 10 |
| 27 | 34 | 41 | 45 | 13,3 | |
| 40 | 50 | 60 | 65 | | 20,4 |
| 17 | 21,5 | 26 | 28,5 | | 8,9 |

| | | | | | |
|---|---|---|---|---|---|
| | 1450 | | 2,9 | 7,5 | 16 | |
| 90 | 710 | | 1,2 | 3,3 | 7,1 | |
| | 950 | 1,7 | | 4,7 | 10 | 13,5 |
| | 1450 | | 2,5 | 6,8 | 14,5 | |
| 100 | 710 | | 1,1 | 2,9 | 6,3 | |
| | 950 | 1,5 | | 4,1 | 9 | 12 |
| | 1450 | | 2,3 | 6 | 13 | |
| 112 | 710 | | 1,25 | 3,2 | 7,3 | |
| | 950 | 1,45 | | 4,5 | 10 | 13,5 |
| | 1450 | | 2,6 | 6,5 | 15 | |
| 125 | 710 | | 1,1 | 2,9 | 6,3 | |
| | 950 | 1,6 | | 4,1 | 9,0 | 12 |
| | 1450 | | 2,3 | 6 | 13 | |
| 140 | 710 | | 1,0 | 2,65 | 5,6 | |
| | 950 | 1,45 | | 3,7 | 7,9 | 11 |
| | 1450 | | 2,1 | 5,4 | 11,5 | |
| 160 | 710 | | 0,85 | 2,3 | 4,9 | |
| | 950 | 1,2 | | 3,2 | 6,9 | 9,6 |
| | 1450 | | 1,8 | 4,7 | 10 | |
| 180 | 710 | | 0,78 | 2,0 | 4,5 | |
| | 950 | 1,1 | | 2,9 | 6,4 | 8,6 |
| | 1450 | | 1,6 | 4,2 | 9,3 | |
| 200 | 710 | | 0,68 | 1,85 | 4,1 | |
| | 950 | 0,95 | | 2,6 | 5,8 | 7,6 |
| | 1450 | | 1,4 | 3,8 | 8,4 | |

T a b

S-Getriebe II

Räd

| | | | | | |
|---|---|---|---|---|---|
| 35 | 44 | 53 | 58 | | 18,1 |
| 15 | 19 | 23 | 25 | | 7,9 |
| 21 | 27 | 32 | 35 | 10,5 | |
| 31 | 39 | 47 | 51 | | 16,1 |
| 14 | 17 | 21 | 22,5 | | 7,1 |
| 19,5 | 24 | 29 | 31 | 9,5 | |
| 28,8 | 35,5 | 42,5 | 46 | | 14,5 |
| 15,5 | 19,5 | 23,5 | 25,5 | | 6,3 |
| 22 | 27 | 33 | 36 | 8,5 | |
| 32 | 40 | 48 | 52 | | 12,9 |
| 14 | 17,5 | 21 | 23 | | 5,7 |
| 20 | 25 | 29 | 32 | 7,6 | |
| 29 | 36 | 43 | 47 | | 11,6 |
| 12 | 15,5 | 18,5 | 20,5 | | 5,1 |
| 17 | 22 | 26 | 29 | 6,8 | |
| 25 | 32 | 38 | 42 | | 10,35 |
| 11 | 13,5 | 16,5 | 17,5 | | 4,4 |
| 15,5 | 19 | 23 | 25 | 5,9 | |
| 22,5 | 28 | 33,5 | 36 | | 9 |
| 9,8 | 12 | 14,5 | 15,5 | | 3,9 |
| 13,5 | 17 | 20 | 22 | 5,3 | |
| 20 | 25 | 30 | 32 | | 8,1 |
| 8,8 | 11 | 13,5 | 14 | | 3,55 |
| 11 | 15,5 | 18,5 | 20 | 4,75 | |
| 18 | 22,5 | 27 | 29 | | 7,25 |

e 25

Leistung [kW]

rtet

## Tabelle 26

**S-Getriebe Istufig Ungehärtete Zahnräder**

**Vergleich LINDNER / TGL**

| a | h | Umrisse ||| An- und Abtrieb ||||||||| Schrauben |||||||
|---|---|---|---|---|---|---|---|---|---|---|---|---|---|---|---|---|---|---|
| | | $l_{max}$ | b | $h_{gmax}$ | (2bis4) $i=1$bis$3,55$ $d_1$ | $l_1$ | (4,5-6,3) $i=4$bis$8$ $d_1$ | $l_1$ | (n-2) m | D | L | e | $e_1^*$ | $e_2^*$ | $e_1+e_2$ | $(e_{3/2})$ $b_s$ | $d_s$ | s |
|---|---|---|---|---|---|---|---|---|---|---|---|---|---|---|---|---|---|---|
| 80 | 90 | 290 (255) | 135 (128) | 190 | 25 (22) | 60 (45) | 25 (18) | 60 (40) | 100 (77) | 30 (28) | 60 (55) | 220 (224) | 115 | 60 | 175 (170) | 50 | 11,5 | 14 |
| 100 | 112 | 360 (320) | 170 (160) | 230 (226) | 30 (28) | 80 (55) | 25 (22) | 60 (45) | 105 (90) | 35 (30) | 80 (55) | 270 (280) | 140 | 70 | 210 (212) | 67,5 (61) | 14 | 20 |
| 125 | 140 | 420 (382) | 205 (180) | 285 (283) | 35 | 80 (60) | 30 (28) | 80 (55) | 110 | 45 | 100 (80) | 320 (335) | 170 | 90 | 260 (265) | 80 (70) | 14 | 20 |
| 140 | 160 | 460 (419) | 220 (190) | 320 (318) | 40 | 100 (70) | 30 | 80 (55) | 125 (116) | 55 (50) | 125 (90) | 355 (375) | 195 | 100 | 295 (300) | 90 (75) | 14 | 20 |
| 160 | 180 | 520 (483) | 240 (212) | 360 (355) | 45 | 100 (80) | 35 | 80 (60) | 140 (130) | 60 (55) | 150 (100) | 395 (425) | 215 | 110 | 325 (335) | 100 (82,5) | 18 | 28 |
| 180 | 200 | 570 (536) | 260 (224) | 400 (403) | 50 | 125 (90) | 45 (40) | 100 (70) | 145 (140) | 60 | 150 (110) | 425 (475) | 235 | 120 | 355 (375) | 105 (90) | 18 | 18 |
| 200 | 224 | 615 (605) | 270 (265) | 450 (440) | 60 (55) | 150 (100) | 45 | 100 (80) | 150 (155) | 60 (65) | 150 (125) | 500 (530) | 270 | 140 | 410 (425) | 110 (109) | 23 | 35 (36) |
| 224 | 250 | 680 (671) | 280 | 490 | 60 | 150 (110) | 50 | 125 (90) | 160 (165) | 70 | 150 (125) | 535 (600) | 295 | 150 | 445 (475) | 115 | 23 | 35 (36) |
| 250 | 280 | 770 (745) | 330 (300) | 550 (545) | 60 (65) | 150 (125) | 50 (55) | 125 (100) | 170 (175) | 80 | 180 (140) | 585 (670) | 325 | 170 | 495 (530) | 135 (121,5) | 23 | 35 (36) |
| 280 | 315 | 845 (842) | 350 (365) | 625 (620) | 70 | 150 (125) | 60 | 150 (110) | 200 (215) | 90 | 180 (160) | 660 (750) | 370 | 180 | 550 (600) | 145 | 27 | 45 |
| 315 | 355 | 935 (942) | 390 (388) | 700 (640) | 80 | 180 (140) | 70 (65) | 150 (125) | 210 (233) | 100 | 210 (180) | 730 (850) | 420 | 200 | 620 (670) | 160 (157,5) | 27 | 45 |
| 355 | 400 | 1030 (1060) | 425 (450) | 780 | 90 | 180 (160) | 80 (70) | 180 (125) | 240 (250) | 110 | 210 (200) | 825 (950) | 470 | 225 | 695 (750) | 170 (177,5) | 33 | 55 (56) |
| 400 | 450 | 1170 (1174) | 460 (475) | 880 | 100 | 210 (180) | 90 (80) | 180 (140) | 270 (275) | 125 | 250 (225) | 915 (1060) | 535 | 250 | 755 (850) | 190 (187,5) | 33 | 55 (56) |
| 450 | 500 | 1315 (1318) | 500 (560) | 980 | 110 | 210 (200) | 110 (90) | 210 (160) | 300 (295) | 140 | 250 | 1060 (1180) | 610 | 300 | 910 (950) | 210 (219) | 39 | 70 (71) |
| 500 | 560 | 1455 | 550 (600) | 1090 | 125 (225) | 250 (225) | 110 (100) | 210 (180) | 325 (320) | 160 | 300 (280) | 1160 (1320) | 665 | 340 | 1005 (1060) | 230 (237,5) | 39 | 70 (71) |

Klammerwerte gelten für TGL

*nicht unmittelbar vergleichbar

## II. Kegelrad - Getriebe (K - Getriebe)

### 1. Das Istufige Getriebe

Bei handelsüblichen Kegelradgetrieben liegen An- und Abtriebswellen rechtwinklig zueinander. Bei Istufigen Kegelradgetrieben (Abb.15) liegt die Untersetzung nur in den Kegelrädern; bei II- und IIIstufigen Kegelradgetrieben folgen hinter der Kegelradstufe noch ein bzw. zwei Stirnraduntersetzungen. Die üblichen Untersetzungsreihen für Kegelradgetriebe entsprechen im allgemeinen den Reihen der Tabelle 1, lediglich die Anfangs- und Endwerte erreichen mit 1,6 bzw. 5,6 die äußersten Grenzwerte der Stirnräder nicht.

Bei Kegelradgetrieben wird der <u>Achsabstand</u> $a_k$ von der Mitte der Tellerradwelle bis zum Ende des vorspringenden Gehäuseteiles gemessen, der die Ritzelwelle trägt. Trägt die Ritzelwelle an dieser Stelle einen Bund, so reicht der Außenabstand bis zum äußersten Ende dieses Bundes. Die Verzahnung der Räder ist ausschließlich als Spiralverzahnung ausgeführt. Da im Vergleich mit Stirnrädern die Breite der Kegelräder gering ist, sind in dem Vorschlag zur Vereinheitlichung nur gehärtete Kegelradpaare verwendet. Die übertragbaren Leistungen sind nach den Angaben der Firma KLINGELNBERG errechnet und in Tabelle 27 zusammengestellt. Hiernach sind auch die allgemeinen Abmessungen der Tabelle 28 bestimmt. Vergleichsweise sind in Abbildung 15 die Leistungen in Abhängigkeit vom Gewicht für ausgeführte Werksnormen aufgetragen. Die Getriebe der Firma I tragen gehärtete Kegelräder; wahrscheinlich durch den erstrebten großen Ölraum liegen sie im Gewicht nicht günstiger als die Getriebe der Firma II, die ungehärtete Räder verwendet. Die Getriebe nach den TGL-Blättern Mitteldeutschlands sind offenbar mit gehärteten Rädern ausgerüstet, sie ergeben günstiges Leistungsgewicht.

Die Lagerung der Ritzelwelle erfolgt nach dem Schema der Abbildung 16, in dem überschlägig alle Größen durch den Durchmesser $d_{I2}$ des Tellerrades ausgedrückt sind. Geringe konstruktive Abweichungen ändern praktisch an der Rechnung nichts. Es kann z.B. der linke Abstand $0,15 d_{I2}$ bei kleinen Werten von $a_k$ auf Kosten der Lagerentfernung $y_a d_{I2}$ etwas vergrößert werden. Der Wert $y_a$ fällt von 0,8 auf 0,6, wenn $a_k$ von 150 auf 400 steigt.

Durch die Zahnschräge der Spiralverzahnung tritt die Zahnkraft in zwei Komponenten auf, nämlich in der Umfangskraft $P_u$ und dem Axialschub $P_a$.

# Tabelle 27
## K-Getriebe Istufig Leistung [kW]
### Gehärtete Räder

| i | Antrieb $n_o$ min$^{-1}$ | Achsabstand a | | | | | | | | | | Abtrieb $n_{II}$ min$^{-1}$ |
|---|---|---|---|---|---|---|---|---|---|---|---|---|
| | | 150 | 180 | 200 | 224 | 250 | 280 | 315 | 355 | 400 | 450 | |
| 1,6 | 710 | 3,4 | 6,9 | 10,4 | 13,9 | 21 | 30 | 37,5 | 62,5 | 87,5 | 112 | 444 |
| | 950 | 4,3 | 8,5 | 12,8 | 17 | 26 | 36 | 45 | 72 | 100+ | 127+ | 594 |
| | 1450 | 6 | 11,3 | 16,6 | 22,2 | 33 | 44 | 54,8 | +83 | +101 | +138,2 | 907 |
| 1,8 | 710 | 3,0 | 6 | 9 | 12 | 20 | 28 | 36 | 57 | 78 | 100 | 594 |
| | 950 | 3,8 | 7,7 | 11,6 | 14,5 | 21,5 | 28 | 35,2 | 62 | 90+ | 116+ | 528 |
| | 1450 | 5,4 | 10 | 15 | 19,6 | 29,4 | 39,2 | 49 | +75 | +101 | +126 | 808 |
| 2,0 | 710 | 2,7 | 5,2 | 7,7 | 10,1 | 15,7 | 21,3 | 27 | 47 | 68 | 88,5 | 355 |
| | 950 | 3,4 | 6,5 | 9,5 | 12,5 | 20 | 27 | 33 | 57 | 81+ | 105+ | 475 |
| | 1450 | 4,9 | 9 | 13 | 17,1 | 25,7 | 34,3 | 42,9 | 66,6 | +90,3 | +114 | 725 |
| 2,24 | 710 | 2,4 | 4,5 | 6,6 | 8,8 | 14 | 19,5 | 25 | 43 | 61 | 79 | 314 |
| | 950 | 3,0 | 5,7 | 8,4 | 11 | 18 | 24,5 | 30,6 | 52 | 74 | 95+ | 424 |
| | 1450 | 4,4 | 8 | 11,6 | 15,2 | 23,3 | 31,5 | 39,7 | 62 | +84,5 | +107 | 648 |
| 2,5 | 710 | 2,1 | 3,9 | 5,7 | 7,6 | 12,5 | 18 | 22,5 | 39 | 55 | 70 | 284 |
| | 950 | 2,7 | 5,0 | 7,3 | 9,5 | 15,7 | 22 | 28,2 | 46 | 65 | 84+ | 380 |
| | 1450 | 4,0 | 7 | 10 | 13,4 | 21,1 | 28,8 | 36,5 | 57,7 | +79 | +100 | 580 |
| 2,8 | 710 | 1,9 | 3,4 | 4,9 | 6,4 | 11 | 15,6 | 20,3 | 33,9 | 47,5 | 61 | 253 |
| | 950 | 2,4 | 4,3 | 6,2 | 8,0 | 13,9 | 19,8 | 25,8 | 42 | 58 | 74 | 339 |
| | 1450 | 3,5 | 6,2 | 8,9 | 11,5 | 18,8 | 26 | 33,3 | 53,5 | 73,5 | +93,5 | 518 |
| 3,15 | 710 | 1,65 | 3 | 4,4 | 5,8 | 9,7 | 13,9 | 17,6 | 30,7 | 44 | 57 | 225 |
| | 950 | 2,1 | 3,8 | 5,5 | 7,2 | 12,3 | 17,3 | 22,4 | 37,5 | 52,5 | 68,5 | 300 |
| | 1450 | 3,0 | 5,5 | 8,0 | 10,5 | 16,8 | 23 | 29,5 | 49 | 68,5 | +88 | 467 |
| 3,55 | 710 | 1,4 | 2,7 | 3,9 | 5,2 | 8,3 | 11,5 | 15 | 27 | 39 | 52 | 200 |
| | 950 | 1,8 | 3,4 | 5 | 6,5 | 10,7 | 14,8 | 19 | 34 | 48 | 63 | 263 |
| | 1450 | 2,6 | 4,8 | 7,1 | 9,4 | 14,8 | 20,2 | 25,7 | 44,8 | 43,9 | +83 | 409 |
| 4,0 | 710 | 1,15 | 2,5 | 3,5 | 4,5 | 7,1 | 9,7 | 12,3 | 24 | 33,5 | 47 | 177,5 |
| | 950 | 1,5 | 2,9 | 4,4 | 5,8 | 9 | 12,3 | 15,6 | 30 | 44 | 57,5 | 238 |
| | 1450 | 2,2 | 4,2 | 6,2 | 8,3 | 12,8 | 17,5 | 22 | 40 | 59 | +78 | 362 |
| 4,5 | 710 | 1,0 | 2,0 | 3,0 | 4,0 | 6,4 | 8,8 | 11,2 | 21,8 | 32,4 | 43 | 158 |
| | 950 | 1,35 | 2,7 | 4,0 | 5,2 | 8,2 | 11,2 | 14,3 | 27 | 40 | 53 | 211 |
| | 1450 | 1,9 | 3,7 | 5,5 | 7,4 | 11,7 | 16 | 20,3 | 37,5 | 55 | 73 | 322 |
| 5,0 | 710 | 0,9 | 1,7 | 2,6 | 3,5 | 5,7 | 8,0 | 10,2 | 20 | 29 | 39 | 142 |
| | 950 | 1,2 | 2,3 | 3,4 | 4,5 | 7,3 | 10 | 13 | 25 | 37 | 48,5 | 190 |
| | 1450 | 1,7 | 3,3 | 4,9 | 6,5 | 10,5 | 14,5 | 18,5 | 34,5 | 51 | 67 | 290 |
| 5,6 | 710 | 0,76 | 1,5 | 2,2 | 3,0 | 5,0 | 7,0 | 9,2 | 18 | 26 | 35 | 126,7 |
| | 950 | 1,0 | 1,9 | 3,0 | 3,9 | 6,5 | 9,1 | 11,7 | 22 | 33 | 44 | 170 |
| | 1450 | 1,5 | 2,9 | 4,3 | 5,7 | 9,4 | 13 | 16,8 | 32 | 47 | 62 | 256 |

\+ Druckschmierung mit Ölkühlung

# Tabelle 28
## K-Getriebe   Istufig
### Allgemeine Abmessungen, gehärtete Räder

| Lfd. Nr. | | Achsabstand | | | | | | | | | |
|---|---|---|---|---|---|---|---|---|---|---|---|
| | | 150 | 180 | 200 | 224 | 250 | 280 | 315 | 355 | 400 | 450 |
| 1 | $x$ | 1,6 | 1,575 | 1,55 | 1,525 | 1,5 | 1,475 | 1,45 | 1,425 | 1,4 | 1,35 |
| 2 | $d_{I2} = a/x$ Tellerraddurchm. | 93 | 114 | 129 | 146,7 | 167 | 190 | 213 | 249 | 285,5 | 324 |
| 3 | $h \sim 0,55a$ | 80 | 100 | 112 | 125 | 140 | 150 | 180 | 200 | 224 | 250 |
| 4 | $h_g \sim h + 0,8\, d_{02}$ | 150 | 200 | 224 | 250 | 280 | 315 | 355 | 400 | 450 | 500 |
| 5 | $d_s$ | 11,5 | 11,5 | 14 | 14 | 14 | 18 | 18 | 18 | 23 | 23 |
| 6 | $h_{k2}$ | 2,5 | 3,0 | 3,0 | 3,5 | 4,0 | 4,5 | 5,0 | 6,0 | 6,5 | 7,5 |
| 7 | Wandstärke $S_W$ | 8 | 8 | 8 | 8 | 8 | 10 | 10 | 10 | 10 | 12 |
| 8 | Spiel $S_{p2}$ | 13 | 12 | 14,5 | 14,5 | 13,5 | 15,5 | 18 | 19 | 20,5 | 18,5 |
| 9 | $d_{02}/2 + S_W + S_{p2} = y$ | 70 | 80 | 90 | 100 | 115 | 125 | 140 | 160 | 180 | 200 |
| 10 | Schraubenrand $S_R$ | 20 | 30 | 30 | 35 | 35 | 40 | 50 | 50 | 50 | 50 |
| 11 | $y + S_R = \ell_{max}$ | 90 | 110 | 120 | 135 | 150 | 165 | 190 | 210 | 230 | 250 |
| 12 | $2d_s$ | 23 | 23 | 28 | 28 | 28 | 36 | 36 | 36 | 46 | 46 |
| 13 | $e_2 \sim d_{I2}/2$ | 50 | 60 | 65 | 75 | 90 | 95 | 110 | 130 | 140 | 160 |
| 14 | $e_1$ | 100 | 120 | 140 | 150 | 175 | 200 | 220 | 245 | 280 | 315 |
| 15 | $M_{d_1}$ [cmkp] | 457 | 871 | 1285 | 1700 | 2540 | 3380 | 4220 | 6350 | 8480 | 10600 |
| 16 | $d_1$ | 25 | 30 | 35 | 40 | 45 | 45 | 50 | 55 | 60 | 60 |
| 17 | TGL | 18 | 22 | 28 | 30 | 35 | 40 | 45 | 50 | 55 | 60 |
| 18 | $\ell_1$ | 60 | 80 | 80 | 100 | 100 | 100 | 125 | 125 | 150 | 150 |
| 19 | $M_{d_2} = 1,6 \cdot M_{d_1}$ | 730 | 1400 | 2060 | 2720 | 4060 | 5400 | 6750 | 10150 | 13560 | 17000 |
| 20 | D | 30 | 35 | 40 | 45 | 50 | 55 | 55 | 60 | 70 | 70 |
| 21 | D (TGL) | 28 | 35 | 40 | 45 | 45 | 50 | 60 | 65 | 70 | 80 |
| 22 | L | 80 | 80 | 100 | 100 | 125 | 125 | 125 | 150 | 150 | 180 |

# Tabelle 29
## K-Getriebe  Istufig
### Lager und Breiten, gehärtete Kegelräder

| Lfd. Nr. | | Achsabstand | | | | | | | | | |
|---|---|---|---|---|---|---|---|---|---|---|---|
| | | 150 | 180 | 200 | 224 | 250 | 280 | 315 | 355 | 400 | 450 |
| | **Ritzellager** | | | | | | | | | | |
| 1 | $x-0,17$ (Tab.27) | 1,33 | 1,305 | 1,28 | 1,255 | 1,23 | 1,205 | 1,18 | 1,155 | 1,13 | 1,08 |
| 2 | $P_u$ | 158 | 229 | 300 | 371 | 457 | 543 | 630 | 770 | 910 | 1050 |
| | $A_1 = P_u(x-0,27)$ Gl.(19) | 210 | 300 | 384 | 466 | 562 | 654 | 744 | 888 | 1030 | 1135 |
| 3 | $C = 9,52 \cdot A_1$ | 2000 | 2840 | 3650 | 4440 | 5340 | 6220 | 7100 | 8460 | 9800 | 10780 |
| 4 | Nul | 35/72/17 | 40/80/18 | 50/90/20 | | | | | | | |
| 5 | Num | | | 40/90/23 | 40/90/23 | 45/100/25 | 50/110/27 | 50/110/27 | 55/120/29 | 60/130/31 | 65/140/33 |
| 6. | $A_2 = A_1 - P_u$ | 52 | 71 | 84 | 95 | 105 | 111 | 114 | 118 | 120 | 85 |
| 7 | $1,3 \, A_h \sim 1,3 \, Pu$ | 205 | 298 | 390 | 482 | 594 | 705 | 819 | 1000 | 1180 | 1370 |
| 8 | $P = A_2 + 1,3 \, A_h$ | 257 | 369 | 474 | 577 | 699 | 816 | 933 | 1118 | 1300 | 1455 |
| 9. | C | 2450 | 3520 | 4500 | 5490 | 6650 | 7760 | 8900 | 10650 | 12370 | 13850 |
| 10 | Reihe 32 | 30/62/23,8 | | | | | | | | | |
| 11 | Reihe 33 | | 35/80/34,9 | 40/90/36,5 | 40/90/36,5 | 50/110/44,4 | 50/110/44,4 | 60/130/54 | 65/140/58,7 | 70/150/63,5 | 80/140/68,3 |
| | **Radlager** | | | | | | | | | | |
| 12 | $A_v = 0,6 \cdot P_u \cdot 0,5$ | 34 | 69 | 90 | 112 | 137 | 163 | 139 | 231 | 273 | 315 |
| | $2 A_h = 1,6 \cdot P_u$ | 253 | 366 | 480 | 594 | 731 | 870 | 1010 | 1230 | 1455 | 1680 |
| 13 | P | 287 | 435 | 570 | 706 | 868 | 1033 | 1149 | 1461 | 1728 | 1995 |
| 14 | $C = 9,52 \cdot P$ | 2730 | 4140 | 5420 | 6720 | 8260 | 9840 | 10920 | 13900 | 16440 | 19000 |
| 15 | Reihe 302 | 35/72/17 | 45/85/19 | | | | | | | | |
| 16 | Reihe 303 | | 35/80/21 | 45/100/25 | 45/100/25 | 55/120/29 | 60/130/31 | 65/140/33 | 70/150/35 | 80/170/39 | 85/180/41 |
| 17 | Abb.16 $l_g = 0,5 d_{o2}$ (gewählt) | 45 | 54 | 65 | 70 | 80 | 94 | 102 | 124 | 143 | 162 |
| 18 | Wandstärke Wellenabstand Zylindr.Führung des Lagerdeckels | 33 | 35 | 35 | 35 | 45 | 45 | 45 | 45 | 45 | 45 |
| 19 | Lagerbreite | 17 | 21 | 25 | 25 | 29 | 31 | 33 | 35 | 39 | 41 |
| 20 | Summe Sp 17 ÷ 19 | 95 | 110 | 125 | 130 | 155 | 170 | 180 | 204 | 227 | 248 |
| 21 | m | 95 | 110 | 125 | 130 | 155 | 170 | 180 | 205 | 230 | 250 |
| 22 | $b \sim 2m - x_b$ | 180 | 210 | 240 | 250 | 300 | 330 | 350 | 390 | 440 | 480 |
| 23 | $b_s \sim b/2 - 1,25 \, d_s$ | 75 | 90 | 100 | 105 | 130 | 140 | 150 | 170 | 180 | 210 |

Im ungünstigsten Falle wird man

$$P_a = P_u \tag{16}$$

setzen können. Am hinteren Lager wird die Axialkraft aufgenommen. Dann ergibt sich nach Abbildung 16 für die Lagerdrücke:

$$A_h = P_a \sim P_u \tag{17}$$

$$A_1 y_a d_2 + P_a d_2 / 2i_k + P_u(y_a + 0{,}25\, d_2) \tag{18}$$

Die größten Kräfte treten bei dem Mindestwert der Untersetzung $i_k = 1{,}6$ auf. Man erhält somit, wenn nach Abbildung 16 $y_a = x_a - 0{,}83$ gesetzt wird:

$$A_1 = P_u(y_a + 0{,}56) = P_u(x_a - 0{,}27) \tag{19}$$

$$A_2 = A_1 - P_u \tag{20}$$

Aus dieser Rechnung ergeben sich die Werte der Tabelle 29. Das vordere Lager nimmt als zylindrisches Rollenlager lediglich Querkräfte auf, das hintere Lager ist als doppelreihiges Schrägkugellager ausgebildet und übernimmt somit neben der dort geringen Querkraft den gesamten Axialschub.

T a b e l l e  30

Aufteilung der Untersetzung für K-Getriebe

| 3,15 | | | | | 5,0 | | | | | | | | | $i_{kI}$ Kegelräder I |
|---|---|---|---|---|---|---|---|---|---|---|---|---|---|---|
| 2 | 2,24 | 2,5 | 2,8 | 3,15 | 2,24 | 2,5 | 2,8 | 3,15 | 3,55 | 4 | 4,5 | 5 | 5,6 | 6,3 | $i_{SII}$ Stirnräder II |
| 6,3 | 7,1 | 8 | 9 | 10 | 11,2 | 12,5 | 14 | 16 | 18 | 20 | 22,4 | 25 | 28 | 31,5 | $i_{gII}$ K-Getriebe IIstufig |
| | | | | | | | 4,5 | | | | | | | | $i_{SIII}$ Stirnräder III |
| | | | 35,5 | 40 | 45 | 50 | 56 | 63 | 71 | 80 | 90 | 100 | 112 | 125 | 140 | $i_{gIII}$ K-Getriebe IIIstufig |

| $i_g$ | Antrieb $n_o$ min$^{-1}$ | 250 | 305 | 340 | 384 | |
|---|---|---|---|---|---|---|
| 6,3 | 710 | 1,65 | 3,0 | 4,4 | 5,8 | |
|  | 950 | 2,1 | 3,8 | 5,5 | 7,2 | 12, |
|  | 1450 | 3,0 | 5,5 | 8,0 | 10,5 | |
| 7,1 | 710 | 1,65 | 3,0 | 4,4 | 5,8 | |
|  | 950 | 2,1 | 3,8 | 5,5 | 7,2 | 12, |
|  | 1450 | 3,0 | 5,5 | 8,0 | 10,5 | |
| 8,0 | 710 | 1,65 | 3,0 | 4,4 | 5,8 | |
|  | 950 | 2,1 | 3,8 | 5,5 | 7,2 | 12, |
|  | 1450 | 3,0 | 5,5 | 8,0 | 10,5 | |
| 9,0 | 710 | 1,6 | 3,0 | 4,2 | 5,8 | |
|  | 950 | 2,1 | 3,8 | 5,4 | 7,2 | 12 |
|  | 1450 | 2,8 | 5,5 | 7,5 | 10,5 | |
| 10,0 | 710 | 1,3 | 2,5 | 3,5 | 5,2 | |
|  | 950 | 1,7 | 3,3 | 4,6 | 6,8 | 9 |
|  | 1450 | 2,5 | 4,8 | 6,8 | 10 | |
| 11,2 | 710 | 0,9 | 1,7 | 2,6 | 3,5 | |
|  | 950 | 1,2 | 2,3 | 3,4 | 4,5 | 7 |
|  | 1450 | 1,7 | 3,3 | 4,9 | 6,5 | |
| 12,5 | 710 | 0,9 | 1,7 | 2,6 | 3,5 | |
|  | 950 | 1,2 | 2,3 | 3,4 | 4,5 | 7 |
|  | 1450 | 1,7 | 3,3 | 4,9 | 6,5 | |
| 14,2 | 710 | 0,9 | 1,7 | 2,6 | 3,5 | |
|  | 950 | 1,2 | 2,3 | 3,4 | 4,5 | 7 |

| and $a_k$ | | | | | | | Abtrieb $n_{II}$min$^{-1}$ |
|---|---|---|---|---|---|---|---|
| | 480 | 539 | 605 | 680 | 765 | | |
| | 13,9 | 17,6 | 30,7 | 44 | 57 | | 113 |
| 7,3 | | 22,4 | 37,5 | 52,5 | 68,5 | 151 | |
| | 23 | 29,5 | 49 | 68,5 | 88 | | 230 |
| | 13,9 | 17,6 | 30,7 | 44 | 57 | | 100 |
| 7,3 | | 22,4 | 37,5 | 52,5 | 68,5 | 134 | |
| | 23 | 29,5 | 49 | 68,5 | 88 | | 204 |
| | 13,9 | 17,6 | 30,7 | 44 | 57 | | 113 |
| 7,3 | | 22,4 | 37,5 | 52,5 | 68,5 | 151 | |
| | 23 | 29,5 | 49 | 68,5 | 88 | | 230 |
| | 13,9 | 17,6 | 26 | 37 | 57 | | 79 |
| 7,3 | | 22,4 | 33 | 47 | 68,5 | 105 | |
| | 23 | 29,5 | 44 | 65 | 88 | | 161 |
| | 10,5 | 15 | 20 | 30 | 42 | | 71 |
| 3,5 | | 20 | 26,5 | 39 | 55 | 95 | |
| | 20 | 29 | 39 | 57 | 81 | | 145 |
| | 8,0 | 10,2 | 20 | 29 | 39 | | 63 |
| 0 | | 13 | 25 | 37 | 48,5 | 85 | |
| | 14,5 | 18,5 | 34,5 | 51 | 67 | | 129 |
| | 8,0 | 10,2 | 20 | 25 | 39 | | 57 |
| 0 | | 13 | 25 | 32 | 48,5 | 76 | |
| | 14,5 | 18,5 | 32 | 47,5 | 67 | | 116 |
| | 8,0 | 10,2 | 14,5 | 22 | 31 | | 51 |
| 0 | | 13 | 19 | 28,5 | 41 | 68 | |

| | | | | | | | | | |
|---|---|---|---|---|---|---|---|---|---|
| | | 1450 | | 1,7 | | 3,3 | | 4,9 | 6,5 |
| 16 | 710 | 0,86 | | 1,65 | | 2,3 | | 3,4 | |
| | 950 | 1,1 | | 2,2 | | 3,1 | | 4,4 | 6 |
| | 1450 | 1,65 | | 3,2 | | 4,5 | | 6,5 | |
| 18 | 710 | 0,73 | | 1,4 | | 2,0 | | 3,0 | |
| | 950 | 0,95 | | 1,8 | | 2,6 | | 3,9 | 5 |
| | 1450 | 1,4 | | 2,7 | | 3,8 | | 5,7 | |
| 20 | 710 | 0,52 | | 1,15 | | 1,6 | | 2,5 | |
| | 950 | 0,8 | | 1,5 | | 2,1 | | 3,2 | 4 |
| | 1450 | 1,16 | | 2,2 | | 3,1 | | 4,7 | |
| 22,4 | 710 | 0,52 | | 0,99 | | 1,4 | | 2,1 | |
| | 950 | 0,68 | | 1,3 | | 1,85 | | 2,8 | 4 |
| | 1450 | 1,0 | | 1,9 | | 2,7 | | 4,1 | |
| 25 | 710 | 0,47 | | 0,71 | | 1,2 | | 1,8 | |
| | 950 | 0,61 | | 1,1 | | 1,6 | | 2,4 | 3 |
| | 1450 | 0,9 | | 1,6 | | 2,3 | | 3,5 | |
| 28 | 710 | 0,36 | | 0,58 | | 1,05 | | 1,5 | |
| | 950 | 0,48 | | 0,89 | | 1,4 | | 2,0 | 2 |
| | 1450 | 0,7 | | 1,3 | | 2,0 | | 2,9 | |
| 31,5 | 710 | 0,29 | | 0,57 | | 0,67 | | 1,2 | |
| | 950 | 0,38 | | 0,75 | | 1 | | 1,6 | 2 |
| | 1450 | 0,56 | | 1,1 | | 1,5 | | 2,3 | |

T a b

K - Getr

Gehärtete Kegelräder, unge

| | | | | | | |
|---|---|---|---|---|---|---|
| 14,5 | 18,5 | 28 | 42 | 60 | | 105 |
| 6,7<br>8,9<br>13 | 9,6<br>12,5<br>18,5 | 12,5<br>17<br>24,5 | 19<br>25<br>37 | 27,5<br>36<br>52,5 | 44<br>59<br>90 | |
| 5,7<br>7,5<br>11 | 8,3<br>11<br>16 | 10,5<br>14<br>20,5 | 16<br>21<br>31 | 23<br>30<br>44,5 | 39<br>53<br>80 | |
| 4,6<br>6,1<br>8,9 | 5,8<br>8,9<br>13 | 9,1<br>12<br>17,5 | 13<br>17,5<br>25,5 | 19<br>25<br>37 | 35<br>47<br>72 | |
| 4,1<br>5,3<br>7,8 | 5,1<br>7,9<br>11,5 | 6,7<br>10<br>15 | 11,5<br>15<br>22 | 17<br>22<br>32 | 32<br>42,5<br>65 | |
| 3,5<br>4,6<br>6,7 | 5,2<br>6,8<br>10 | 5,7<br>8,9<br>13 | 10<br>13<br>19 | 14,5<br>19<br>28 | 28<br>38<br>58 | |
| 2,85<br>3,75<br>5,5 | 4,4<br>5,7<br>8,4 | 5.7<br>7,5<br>11 | 7,1<br>11<br>16 | 12<br>16<br>23 | 25<br>34<br>51,8 | |
| 2,3<br>3,1<br>4,5 | 3,5<br>4,6<br>6,7 | 4,5<br>6,0<br>8,7 | 5,8<br>8,9<br>13 | 9,9<br>13<br>19 | 22,5<br>30<br>46 | |

31

IIstufig

Stirnräder  Leistung [kW]

## 2. Das IIstufige K-Getriebe

### a) Gehärtete Kegelräder (Stufe I), ungehärtete Stirnräder (Stufe II)

Bei IIstufigen Kegelradgetrieben ist es allgemein üblich, die Kegelräder in die I.Stufe zu legen, da dort kleine Drehmomente auch kleinere Radabmessungen gestatten. In der II.Stufe sind Stirnräder verwendet (Abb.17). Beide Stufen werden aus den entwickelten einzelnen Teilen zusammengesetzt, d.h. die Kegelradstufe besteht immer aus gehärteten Rädern und für die Stirnradstufe können beide Möglichkeiten vorgesehen werden. Zunächst seien ungehärtete Räder in der II.Stufe betrachtet. Es ist dann zu einem gegebenen Kegelradgetriebe mit dem Außenabstand $a_{kI}$ nach Tabelle 27 ein leistungsgleiches Stirnradgetriebe mit Achsabstand $a_{sII}$ nach Tabelle 6 zu suchen und mit ihm zusammenzusetzen (Abb.18). Anzustreben wäre dabei volle Ausnutzung der Stirnräder und etwas unter der vollen Beanspruchung liegende Leistung der Kegelräder. Es wäre auch hier die Überlegung für IIstufige Stirnradgetriebe maßgebend, daß nämlich mit wenigen Untersetzungen der II.Stufe auszukommen sei. Die dann notwendige stetige Untersetzungsabstufung der Kegelräder führte bei diesen zu einer großen Lagerhaltung, die wirtschaftlich unerwünscht ist. Es ist deshalb die stetige Abstufung der Untersetzung in die Stirnradstufe gelegt und für die Kegelradpaare $i_k$ in der I.Stufe auf 3,15 und 5 beschränkt entsprechend weit verbreiteten Ausführungen. Die Aufteilung der Untersetzungen erfolgt dann nach Tabelle 30, die zusammengehörigen Außen- und Achsabstände gehen aus Tabelle 32 hervor.

Durch die Beschränkung auf nur zwei Vorzugsuntersetzungen der Kegelräder ist für die Leistungen (Tab. 31) allerdings nicht zu vermeiden, daß für $i_k$ = 6,3 bis 8 und 11,2 bis 14,2 eine volle Ausnutzung der gehärteten Kegelräder auftritt. Nur bei den übrigen Untersetzungen wird die gewünschte Schonung der Kegelradstufe erreicht. In Abbildung 21 sind die Leistungen eines IIstufigen Kegelradgetriebes nach den TGL-Blättern, die offenbar ohne Vorzugsuntersetzungen mit einer stetig veränderlichen Abstufung der Untersetzung des Kegelradgetriebes ausgeführt sind, mit den vorliegenden Werten verglichen. Es ergibt sich eine befriedigende Übereinstimmung.

Die Abmessungen der Tabelle 32 ergeben sich aus den Werten der Einzelgetriebe.

## Tabelle 32
### K - Getriebe IIstufig
### gehärtete Kegelräder, ungehärtete Stirnräder
### Allgemeine Abmessungen

| | | | | | | | | | | | |
|---|---|---|---|---|---|---|---|---|---|---|---|
| 1 | Abstand $a_k$ | 250 | 305 | 340 | 384 | 430 | 480 | 539 | 605 | 680 | 765 |
| 2 | Abstand $a_{kI}$ | 150 | 180 | 200 | 224 | 250 | 280 | 315 | 355 | 400 | 450 |
| 3 | Abstand $a_{sII}$ | 100 | 125 | 140 | 160 | 180 | 200 | 224 | 250 | 280 | 315 |
| 4 | $d_{II2/2} = a_s \cdot \frac{6,3}{7,3}$ | 86,4 | 108 | 121 | 138 | 155,5 | 173 | 193,5 | 216 | 242 | 272 |
| 5 | $h \sim 1,25\, d_{II/2}$ | 106 | 132 | 150 | 170 | 190 | 212 | 236 | 265 | 300 | 335 |
| 6 | $h_g \sim 2h$ | 215 | 265 | 300 | 340 | 380 | 425 | 475 | 530 | 600 | 670 |
| 7 | $d_{II/2} + h_{k2} + Sp_a + S_W + S_R$ (Tab.3) $= l_s$ | 143,4 | 167 | 180 | 201 | 218,5 | 236 | 258,5 | 296 | 323 | 359 |
| 8 | $l_s$ gewählt | 140 | 165 | 180 | 200 | 215 | 235 | 255 | 295 | 320 | 355 |
| 9 | $l_{max} = a + l_s$ | 390 | 470 | 520 | 584 | 645 | 715 | 794 | 890 | 1000 | 1120 |
| 10 | $e_1$ Tabelle 28 | 100 | 120 | 140 | 150 | 175 | 200 | 220 | 245 | 280 | 315 |
| 11 | $e_2$ [(Tab.3)+ $a_s$] | 170 | 215 | 240 | 270 | 300 | 340 | 374 | 420 | 460 | 515 |
| 12 | $e_3 \sim a_s/2$ | 50 | 65 | 70 | 80 | 90 | 100 | 115 | 125 | 140 | 160 |
| 13 | $d_s$ | 14 | 14 | 14 | 18 | 18 | 23 | 23 | 23 | 27 | 27 |
| 14 | $e \sim e_1 + e_2 + 3\,d_s$ | 320 | 380 | 430 | 480 | 535 | 620 | 675 | 740 | 830 | 920 |
| 15 | S | 20 | 20 | 20 | 23 | 23 | 28 | 28 | 28 | 36 | 36 |
| 16 | $M_{d1}$ [cmkp] | 207 | 380 | 550 | 720 | 1160 | 1600 | 2040 | 3400 | 4700 | 6100 |
| 17 | $d_1$ | 20 | 25 | 30 | 30 | 35 | 35 | 40 | 45 | 50 | 55 |
| 18 | $l_1$ | 50 | 60 | 80 | 80 | 80 | 80 | 100 | 100 | 125 | 125 |
| 19 | $M_{d2} = 6,3\, M_{d1}$ | 1300 | 2400 | 3470 | 4540 | 7300 | 10080 | 12850 | 21040 | 29600 | 38400 |
| 20 | D | 35 | 40 | 45 | 50 | 55 | 60 | 70 | 80 | 90 | 90 |
| 21 | L | 80 | 100 | 100 | 125 | 125 | 150 | 150 | 180 | 180 | 180 |
| 22 | $m \sim m_{Tabelle\ 29} + a_{sII}/2$ | 120 | 140 | 155 | 165 | 185 | 195 | 210 | 220 | 240 | 270 |

b und $b_s$ nach Tabelle 29 sinngemäß

# Tabelle 33
## K - Getriebe IIstufig Leistung [kW]
## Kegel- und Stirnräder gehärtet

| | $i_g$ | Antrieb $n_o$ min$^{-1}$ | 260 | 324 | 405 | 455 | 515 | 580 | 650 | Abtrieb $n_{II}$ min$^{-1}$ |
|---|---|---|---|---|---|---|---|---|---|---|
| | | | | | | Außenabstand $a_k$ | | | | |
| $i_k = 3{,}15$ | 6,3 | 710 | 1,7 | 3,3 | 8,8 | 17 | 22,5 | 30 | 43 | 113 |
| | | 950 | 2,5 | 4,5 | 12 | 23 | 30 | 41 | 58 | 151 |
| | | 1450 | 3,5 | 6,8 | 18 | 35 | 46 | 62 | 88 | 230 |
| | 7,1 | 710 | 1,6 | 3,2 | 7,8 | 15,5 | 20,5 | 27,5 | 39 | 100 |
| | | 950 | 2,1 | 4,3 | 10,5 | 21 | 27,5 | 37 | 52,5 | 134 |
| | | 1450 | 3,2 | 6,5 | 16 | 32 | 42 | 56 | 80 | 204 |
| | 8,0 | 710 | 1,5 | 2,8 | 7,3 | 14 | 18 | 24,5 | 35 | 83 |
| | | 950 | 2,0 | 3,8 | 9,8 | 18,5 | 24 | 33 | 47 | 119 |
| | | 1450 | 3,0 | 5,8 | 15 | 28,5 | 37 | 50 | 72 | 181 |
| | 9,0 | 710 | 1,3 | 2,7 | 6,3 | 12 | 16 | 22 | 31 | 79 |
| | | 950 | 1,8 | 3,6 | 8,5 | 16 | 21 | 30 | 42 | 105 |
| | | 1450 | 2,7 | 5,5 | 13 | 25 | 32,5 | 45,5 | 63,5 | 161 |
| | 10,0 | 710 | 1,1 | 2,4 | 5,6 | 10,7 | 14 | 19,5 | 27,5 | 71 |
| | | 950 | 1,5 | 3,3 | 7,5 | 14,5 | 19 | 26 | 37 | 95 |
| | | 1450 | 2,3 | 5,0 | 11,5 | 22 | 29 | 40 | 56 | 145 |
| $i_k = 5{,}0$ | 11,2 | 710 | 1,0 | 2,2 | 4,9 | 9,3 | 12 | 17 | 24 | 63 |
| | | 950 | 1,4 | 3,0 | 6,5 | 12,5 | 16 | 23 | 32 | 85 |
| | | 1450 | 2,1 | 4,5 | 10 | 19 | 25 | 35,5 | 48,5 | 129 |
| | 12,5 | 710 | 0,85 | 2,0 | 4,4 | 7,6 | 10,8 | 15 | 19 | 57 |
| | | 950 | 1,15 | 2,7 | 6,0 | 10 | 14,5 | 20 | 25,5 | 76 |
| | | 1450 | 1,75 | 4,1 | 9,1 | 15,5 | 22 | 31 | 39 | 116 |
| | 14 | 710 | 0,8 | 1,7 | 4,1 | 7,8 | 10 | 14 | 19,5 | 51 |
| | | 950 | 1,1 | 2,3 | 5,5 | 10,5 | 13,5 | 19 | 26 | 68 |
| | | 1450 | 1,65 | 3,5 | 8,4 | 16 | 20,5 | 28,5 | 40 | 103 |
| | 16 | 710 | 0,7 | 1,55 | 3,6 | 6,8 | 9,0 | 12 | 17 | 44 |
| | | 950 | 0,95 | 2,1 | 4,3 | 9,2 | 12 | 16 | 23 | 59 |
| | | 1450 | 1,45 | 3,2 | 7,4 | 14 | 18,5 | 25 | 35 | 90 |
| | 18 | 710 | 0,63 | 1,37 | 3,2 | 5,9 | 7,8 | 11 | 15 | 39 |
| | | 950 | 0,85 | 1,8 | 4,3 | 7,9 | 10,5 | 15 | 20 | 53 |
| | | 1450 | 1,3 | 2,8 | 6,5 | 12 | 16 | 22,5 | 30,5 | 80 |
| | 20 | 710 | 0,54 | 1,25 | 2,8 | 4,8 | 6,8 | 9,5 | 12 | 35 |
| | | 950 | 0,7 | 1,7 | 3,7 | 6,4 | 9,2 | 13 | 16 | 47 |
| | | 1450 | 1,1 | 2,6 | 5,7 | 9,8 | 14 | 19,5 | 24,5 | 72 |
| | 22,4 | 710 | 0,49 | 1,1 | 2,3 | 4,3 | 5,9 | 8,5 | 10,7 | 32 |
| | | 950 | 0,66 | 1,5 | 3,1 | 5,8 | 7,9 | 11,5 | 14,5 | 42,5 |
| | | 1450 | 1,0 | 2,3 | 4,7 | 8,8 | 12 | 17,5 | 22 | 65 |
| | 25 | 710 | 0,44 | 0,98 | 2,0 | 3,8 | 5,4 | 7,8 | 9,5 | 28 |
| | | 950 | 0,6 | 1,3 | 2,7 | 5,1 | 7,2 | 10,5 | 13 | 38 |
| | | 1450 | 0,9 | 2,0 | 4,1 | 7,8 | 11 | 16 | 19,5 | 58 |
| | 28 | 710 | 0,38 | 0,78 | 1,45 | 3,4 | 4,8 | 6,8 | 8,3 | 25 |
| | | 950 | 0,51 | 1,05 | 2,0 | 4,6 | 6,5 | 9,2 | 11 | 34 |
| | | 1450 | 0,78 | 1,6 | 3,0 | 7,0 | 9,9 | 14 | 17 | 51,8 |
| | 31,5 | 710 | 0,32 | 0,73 | 1,2 | 3,0 | 4,0 | 5,9 | 7,1 | 22,5 |
| | | 950 | 0,43 | 0,98 | 1,6 | 4,0 | 5,4 | 7,9 | 9,5 | 30 |
| | | 1450 | 0,65 | 1,5 | 2,4 | 6,1 | 8,2 | 12 | 14,5 | 46 |

## Tabelle 34
### K - Getriebe IIstufig
### Stirnräder gehärtet

| | Abmessungen | | | | | | | |
|---|---|---|---|---|---|---|---|---|
| 1 | Achsabstand $a_k$ | 260 | 324 | 405 | 455 | 515 | 580 | 650 |
| 2 | Abstand $a_{kI}$ | 180 | 224 | 280 | 315 | 355 | 400 | 450 |
| 3 | Abstand $a_s$ | 80 | 100 | 125 | 140 | 160 | 180 | 200 |
| 4 | $d_{II2/2} = a_s \frac{i_{max}}{i_{max} + 1}$ | 69 | 86,4 | 108 | 121 | 138 | 155,5 | 173 |
| 5 | h [für $a_k$ nach Tab.28] | 100 | 125 | 150 | 180 | 200 | 224 | 250 |
| 6 | $h_g \sim 2h$ | 200 | 250 | 300 | 360 | 400 | 450 | 500 |
| 7 | $d_{II2/2} + h_{k2} + s_{n2} + s_W + s_R = l_s$ [Tab.3] | 112 | 142,4 | 165 | 178 | 200 | 217,5 | 235 |
| 8 | $l_s$ gewählt | 110 | 140 | 165 | 175 | 200 | 220 | 235 |
| 9 | $l_{max} = a_k + l_s$ | 370 | 465 | 570 | 630 | 715 | 800 | 885 |
| 10 | $e_1$ nach Tabelle 28 | 120 | 150 | 200 | 220 | 245 | 280 | 315 |
| 11 | $e_2$ (nach Tab.3+a) | 140 | 170 | 215 | 240 | 270 | 300 | 340 |
| 12 | $e_3 \sim \frac{a_s}{2}$ | 40 | 50 | 65 | 70 | 80 | 90 | 100 |
| 13 | $d_s$ | 14 | 18 | 18 | 18 | 23 | 23 | 27 |
| 14 | $e \sim e_1 + e_2 + 3d_s$ | 305 | 375 | 470 | 515 | 585 | 650 | 740 |
| 15 | s | 20 | 23 | 23 | 23 | 28 | 28 | 36 |
| 16 | c | 50 | 60 | 60 | 60 | 75 | 75 | 95 |
| 17 | $M_{d1}$ [cmkp] | 241 | 470 | 1240 | 2400 | 3180 | 4270 | 6100 |
| 18 | $d_1$ | 25 | 30 | 35 | 45 | 45 | 50 | 55 |
| 19 | $l_1$ | 60 | 80 | 80 | 100 | 100 | 125 | 125 |
| 20 | $M_{d2} = 6,3 M_{d1}$ [cmkp] | 1520 | 2960 | 7800 | 15100 | 20000 | 27000 | 38800 |
| 21 | D | 35 | 45 | 55 | 70 | 80 | 90 | 90 |
| 22 | L | 80 | 100 | 125 | 150 | 180 | 180 | 180 |
| 23 | m | 110 | 130 | 170 | 180 | 205 | 230 | 250 |
| 24 | b | 210 | 250 | 330 | 350 | 400 | 440 | 480 |
| 25 | $b_s$ | 85 | 100 | 140 | 150 | 170 | 190 | 205 |

b) Gehärtete Räder in beiden Stufen

Die Achsabstände $a_{sII}$ des Stirntriebes sind so gewählt, daß die Stirnräder voll, die Kegelräder nicht ganz voll beansprucht werden. Für die Tabellen 33 und 34 gelten dieselben Überlegungen wie bei den eben behandelten Getrieben.

### 3. Das IIIstufige K-Getriebe
Kegelräder gehärtet, Stirnräder ungehärtet.

Die IIIstufigen Kegelradgetriebe entstehen aus den IIstufigen Kegelradgetrieben, indem diesen eine weitere Stirnradstufe - die II.Stirnradstufe - angegliedert wird. Diese erhält für die Gesamtuntersetzungen $i_g = 35,5$ bis 140 die Untersetzung $i_{sIII} = 4,5$. Wie bei den IIIstufigen Stirnradgetrieben ist auch hier für die übertragbare Leistung die Verdrehungsfestigkeit des Abtriebszapfens maßgebend. Dessen größter zulässiger Durchmesser bestimmt sich aus den größten Wälzlagern, deren Einbau in dem Gehäuse noch möglich ist. Es steht umso mehr Platz für das Wälzlager der III.Stufe zur Verfügung, je geringer die Durchmesser der Lager in der II.Stufe erscheinen. Hierzu müssen diese Lager vom Axialschub weitgehend entlastet werden, indem die beiden Zahnräder auf der Zwischenwelle ihre Axialkräfte untereinander ausgleichen.

Zu dem gehärteten Zahnräderpaar gehört auch ein gehärtetes Zahnräderpaar der III.Stufe, sinngemäß beiderseits ungehärtete Zahnräder.

## Tabelle 35
## K - Getriebe IIIstufig
### Kegelräder gehärtet, Stirnräder ungehärtet, Leistung [kW]

| i | Antrieb $n_o min^{-1}$ | 390 | 485 | 540 | 608 | 680 | 760 | 854 | 960 | 1080 | Abtrieb $n_o min^{-1}$ |
|---|---|---|---|---|---|---|---|---|---|---|---|
| 35,5 | 710 | *1,1 | *2,4 | 3,7 | *3,7 | *5,4 | *8,2 | *12 | *19 | *30 | 20 |
|  | 950 | *1,5 | *3,3 | 4,9 | *4,9 | *7,25 | *11 | *16,3 | *25 | *40 | 26,7 |
|  | 1450 | *2,25 | *5,0 | 7,5 | *7,5 | *11,1 | *16,8 | *25 | *38 | *60,5 | 40,8 |
| 40 | 710 | *1,0 | *2,2 | 3,35 | *3,35 | *4,9 | *7,4 | *11,5 | *17 | *25,5 | 17,7 |
|  | 950 | *1,35 | *3,0 | 4,5 | *4,5 | *6,6 | *9,5 | *15 | *23 | *35 | 23,7 |
|  | 1450 | *2,0 | *4,5 | 6,8 | *6,8 | *10,0 | *15,1 | *22,5 | *34 | *52 | 36,2 |
| 45 | 710 | *0,88 | *2,0 | 3,0 | *3,0 | *4,3 | *6,6 | *9,9 | *15 | *21,5 | 15,8 |
|  | 950 | *1,2 | *2,7 | 4,0 | *4,0 | *5,8 | *8,8 | *13,5 | *20 | *30 | 21 |
|  | 1450 | *1,8 | *4,0 | 6,0 | *6,0 | *8,8 | *13,3 | *20 | *30 | *44 | 32,3 |
| 50 | 710 | *0,79 | *1,8 | 2,65 | *2,65 | *3,9 | *6,0 | *8,8 | *13,3 | *19,7 | 14,2 |
|  | 950 | *1,05 | *2,5 | 3,6 | *3,6 | *4,9 | *8,0 | *12 | *18 | *27 | 19 |
|  | 1450 | *1,6 | *3,6 | 5,4 | *5,4 | *8,0 | *12,2 | *18 | *27 | *40 | 29 |
| 56 | 710 | *0,69 | *1,58 | 2,35 | *2,35 | *3,5 | *5,4 | *7,85 | *11,8 | *17,5 | 12,7 |
|  | 950 | *0,94 | *2,1 | 3,2 | *3,2 | *4,7 | *7,2 | *10,5 | *16 | *28,5 | 17 |
|  | 1450 | *1,4 | *3,2 | 4,8 | *4,8 | *7,1 | *11 | *16 | *24 | *35,5 | 25,9 |
| 63 | 710 | 0,61 | *1,4 | 2,1 | *2,1 | *3,1 | *4,75 | *7,0 | *10,5 | *15,7 | 11,3 |
|  | 950 | *0,83 | *1,9 | 2,9 | *2,9 | *4,2 | *6,4 | *9,5 | *14,5 | *21 | 15 |
|  | 1450 | *1,25 | *2,85 | 4,3 | *4,3 | *6,3 | *9,7 | *14,3 | *21,5 | *32 | 23 |
| 71 | 710 | *0,54 | *1,25 | 1,9 | *1,9 | *2,7 | *4,1 | *6,2 | *9,3 | *13,7 | 10 |
|  | 950 | *0,72 | *1,7 | 2,5 | *2,5 | *3,7 | *5,5 | *8,3 | *12,5 | *18,5 | 13,3 |
|  | 1450 | *1,1 | *2,5 | 3,8 | *3,8 | *5,5 | *8,4 | *12,6 | *19 | *28 | 20,4 |
| 80 | 710 | *0,49 | *1,1 | 1,67 | *1,67 | *2,45 | *3,7 | *5,5 | *8,3 | *12,25 | 8,9 |
|  | 950 | *0,66 | *1,5 | 2,3 | *2,3 | *3,3 | *6,0 | *7,4 | *11,5 | *17 | 11,9 |
|  | 1450 | *1,0 | *2,25 | 3,4 | *3,4 | *5,0 | *7,5 | *11,3 | *17 | *25 | 18,1 |
| 90 | 710 | *0,44 | *1,0 | 1,5 | *1,5 | *2,15 | *3,25 | *4,9 | *7,4 | *10,8 | 7,9 |
|  | 950 | *0,6 | *1,35 | 2,0 | *2,0 | *2,9 | *4,4 | *6,6 | *10,0 | *15 | 10,5 |
|  | 1450 | *0,9 | *2,0 | 3,0 | *3,0 | *4,4 | *6,6 | *10,0 | *15 | *22 | 16,1 |
| 100 | 710 | *0,39 | *0,88 | 1,3 | *1,3 | *1,9 | *2,9 | *4,35 | *6,5 | *9,55 | 7,1 |
|  | 950 | *0,55 | *1,2 | 1,8 | *1,8 | *2,6 | *3,9 | *5,9 | *8,75 | *13 | 9,5 |
|  | 1450 | *0,8 | *1,8 | 2,7 | *2,7 | *3,9 | *5,9 | *8,9 | *13,3 | *19,5 | 14,5 |
| 112 | 710 | *0,35 | *0,76 | 1,13 | *1,13 | *1,67 | *2,55 | *3,3 | *5,7 | *8,3 | 6,3 |
|  | 950 | *0,46 | *1,0 | 1,55 | *1,55 | *2,35 | *3,5 | *5,2 | *7,6 | *11,5 | 8,5 |
|  | 1450 | *0,7 | *1,55 | 2,3 | *2,3 | *3,4 | *5,2 | *7,8 | *11,6 | *17 | 12,9 |
| 125 | 710 | *0,32 | *0,69 | 1,05 | *1,05 | *1,52 | *0,97 | *3,5 | *5,2 | *7,6 | 5,7 |
|  | 950 | *0,43 | *0,92 | 1,4 | *1,4 | *2,1 | *3,2 | *4,7 | *7,6 | *10,5 | 7,6 |
|  | 1450 | *0,65 | *1,4 | 2,15 | *2,15 | *3,1 | *4,75 | *7,1 | *10,6 | *15,5 | 11,6 |
| 140 | 710 | *0,3 | 0,64 | 0,93 | *0,93 | *1,37 | *2,1 | *3,1 | *4,7 | *6,9 | 5,1 |
|  | 950 | *0,4 | 0,86 | 1,25 | *1,25 | *1,9 | *2,85 | *4,2 | *6,3 | *9,2 | 6,8 |
|  | 1450 | *0,6 | 1,3 | 1,9 | *1,9 | *2,8 | *4,3 | *6,4 | *9,6 | *14 | 10,35 |

* Wird für den Zapfen eine Beanspruchung zugelassen, die über den Werten von DIN 783 liegt, so kann die Leistung um 10 bis 20 % erhöht werden.

## Tabelle 36
### K - Getriebe IIIstufig
### Stirnräder ungehärtet

| Sp | Abstand $a_k$ | 390 | 485 | 540 | 608 | 680 | 760 | 854 | 960 | 1080 |
|---|---|---|---|---|---|---|---|---|---|---|
| 1 | $a_{kI}$ | | 150 | 180 | 200 | 224 | 250 | 280 | 315 | 355 | 400 |
| 2 | $a_{sI}$ | | 100 | 125 | 140 | 160 | 180 | 200 | 224 | 250 | 280 |
| 3 | $a_{sII}$ | | 140 | 180 | 200 | 224 | 250 | 280 | 315 | 355 | 400 |
| 4 | $d_{III2/2} = a_{sII} \cdot \frac{4,5}{5,5}$ | 114,6 | 147,3 | 163,8 | 183 | 204,5 | 229 | 258 | 290 | 327 |
| 5 | $h_{k2}+ S_{p2}+S_W+ S_r = i_s$ (Tab.3) | 57 | 62 | 62 | 63 | 78 | 79 | 85 | 86 | 102 |
| 6 | $l_s \sim d_{III2/2} + l'_s$ | 175 | 210 | 230 | 250 | 285 | 310 | 345 | 380 | 430 |
| 7 | $l_{max} = a_k + l_s$ | 565 | 695 | 770 | 858 | 965 | 1070 | 1199 | 1340 | 1510 |
| 8 | h | 160 | 200 | 224 | 250 | 280 | 280 | 315 | 355 | 400 |
| 9 | $h_g$ | 305 | 385 | 430 | 480 | 535 | 560 | 610 | 710 | 800 |
| 10 | b (Tab.16) | 340 | 350 | 390 | 420 | 450 | 530 | 560 | 640 | 720 |
| 11 | $b_s$ | 150 | 150 | 165 | 180 | 195 | 230 | 245 | 275 | 315 |
| 12 | m | 175 | 180 | 200 | 215 | 230 | 270 | 285 | 325 | 365 |
| 13 | c | 50 | 60 | 70 | 75 | 75 | 95 | 95 | 105 | 110 |
| 14 | s | 20 | 28 | 35 | 35 | 35 | 45 | 45 | 56 | 56 |
| 15 | $e_1$ (Tab.28) | 100 | 120 | 140 | 150 | 175 | 200 | 220 | 245 | 280 |
| 16 | $e_2$ (Tab.14) | 340 | 425 | 480 | 535 | 600 | 660 | 750 | 845 | 950 |
| 17 | $e_3 \sim a_{sI}+ a_{sII}/2$ | 170 | 215 | 240 | 270 | 305 | 340 | 380 | 420 | 480 |
| 18 | $d_s$ | 14 | 18 | 23 | 23 | 23 | 27 | 27 | 33 | 33 |
| 19 | $e = e_1+ e_2+ 3d_s$ | 485 | 605 | 695 | 760 | 850 | 945 | 1055 | 1190 | 1235 |
| 20 | $e_l \sim 1/2 (e-e_1+ e_2)$ | 363 | 455 | 518 | 573 | 638 | 703 | 793 | 895 | 953 |
| 21 | $d_1$ | 25 | 30 | 35 | 40 | 45 | 45 | 50 | 55 | 60 |
| 22 | $l_1$ | 60 | 80 | 80 | 100 | 100 | 100 | 125 | 125 | 150 |
| 23 | D | 50 | 60 | 70 | 70 | 80 | 90 | 100 | 110 | 125 |
| 24 | L | 125 | 150 | 150 | 150 | 180 | 180 | 210 | 210 | 250 |

# Tabelle 37
## K - Getriebe IIIstufig
## Stirnräder gehärtet

| # | | | | | | | | |
|---|---|---|---|---|---|---|---|---|
| 1 | Achsabstand $a_k$ | 385 | 464 | 585 | 655 | 739 | 830 | 930 |
| 2 | $a_{kI}$ | 180 | 224 | 280 | 315 | 355 | 400 | 450 |
| 3 | $a_{sI}$ | 80 | 100 | 125 | 140 | 160 | 180 | 200 |
| 4 | $a_{sII}$ | 125 | 140 | 180 | 200 | 224 | 250 | 280 |
| 5 | $d_{III2} = a_{sII} \cdot \frac{4,5}{5,5}$ | 102,5 | 114,6 | 147,3 | 163,8 | 183 | 204,5 | 229 |
| 6 | $h_{k2}+s_{h2}+S_W+S_R = l'_s$ (Tab.3) | 57 | 57 | 62 | 62 | 63 | 78 | 79 |
| 7 | $l_s \sim d_{III}/2 + l'_s$ | 160 | 175 | 210 | 230 | 250 | 285 | 310 |
| 8 | $l_{max} = a_k + l_s$ | 545 | 640 | 795 | 885 | 990 | 1115 | 1240 |
| 9 | h | 140 | 160 | 200 | 224 | 250 | 280 | 315 |
| 10 | $h_g$ | 285 | 320 | 400 | 450 | 490 | 550 | 625 |
| 11 | $0,55 \, d_{02} = l_g$ (Abb.16) | 63 | 81 | 105 | 118 | 137 | 157 | 178 |
| 12 | Lagerreihe nach D | 32 | 32 | 32 | 230 | 230 | 230 | 230 |
| 13 | Lagerbreite | 33,3 | 39,4 | 52,4 | 52 | 52 | 56 | 56 |
| 14 | Wandstärke usw. (Tab.12) | 52 | 67 | 75 | 77 | 77 | 80 | 83 |
| 15 | Σ (Zeile 11+13+14) | 148,3 | 188 | 233 | 247 | 262 | 293 | 317 |
| 16 | m | 145 | 185 | 230 | 240 | 260 | 290 | 310 |
| 17 | $b = 2m - x_b$ | 280 | 360 | 450 | 470 | 500 | 560 | 600 |
| 18 | $b_s = b/2 - 1,25 \, d_s$ | 120 | 160 | 200 | 205 | 220 | 250 | 260 |
| 19 | c | 50 | 50 | 60 | 70 | 75 | 75 | 95 |
| 20 | S | 20 | 20 | 28 | 35 | 35 | 35 | 45 |
| 21 | $e_1$ (Tab.28) | 120 | 150 | 200 | 220 | 245 | 280 | 315 |
| 22 | $e_2$ (Tab.17) | 285 | 340 | 425 | 480 | 530 | 610 | 675 |
| 23 | $e_3 \sim a_{sI}+a_{sII}/2$ | 140 | 170 | 215 | 240 | 270 | 305 | 340 |
| 24 | $e \sim e_1 + e_2 + 3d_s$ | 450 | 535 | 685 | 775 | 850 | 965 | 1075 |
| 25 | $e_l = 1/2 \, (e-e_1+e_2)$ | 315 | 365 | 455 | 520 | 565 | 620 | 720 |
| 26 | $d_s$ | 14 | 14 | 18 | 23 | 23 | 23 | 27 |
| 27 | Antrieb $d_1$ | 30 | 40 | 45 | 50 | 55 | 60 | 60 |
| 28 | Antrieb $l_1$ | 80 | 100 | 100 | 125 | 125 | 150 | 150 |
| 29 | Abtrieb D | 55 | 70 | 90 | 110 | 125 | 125 | 140 |
| 30 | Abtrieb L | 125 | 150 | 180 | 210 | 250 | 250 | 250 |

# Tabelle 38
## K - Getriebe IIIstufig
## Stirnräder gehärtet Leistung [kW]

| i | Antrieb $n_o$min$^{-1}$ | \multicolumn{7}{c}{Abstand $a_k$} | Abtrieb $n_o$min$^{-1}$ |
|---|---|---|---|---|---|---|---|---|---|
|   |   | 385 | 464 | 585 | 655 | 739 | 830 | 930 |   |
| 35,5 | 710 | 1,5 | 2,8 | 7,3 | 14 | 18 | 24,5 | 35 | 20 |
|      | 950 | 2,0 | 3,8 | 9,8 | 18,5 | 24 | 33 | 47 | 26,7 |
|      | 1450 | 3,0 | 5,8 | 15 | 28,5 | 37 | 50 | 72 | 40,8 |
| 40 | 710 | 1,3 | 2,7 | 6,3 | 12 | 16 | 22 | 31 | 17,7 |
|    | 950 | 1,8 | 3,6 | 8,5 | 16 | 21 | 30 | 42 | 23,7 |
|    | 1450 | 2,7 | 5,5 | 13 | 25 | 32,5 | 45,5 | 63,5 | 36,2 |
| 45 | 710 | 1,1 | 2,4 | 5,6 | 10,7 | 14 | 19,5 | 27,5 | 15,8 |
|    | 950 | 1,5 | 3,3 | 7,5 | 14,5 | 19 | 26 | 37 | 21 |
|    | 1450 | 2,3 | 5,0 | 11,5 | 22 | 29 | 40 | 56 | 32,3 |
| 50 | 710 | 1,0 | 2,2 | 4,9 | 9,3 | 12 | 17 | 24 | 14,2 |
|    | 950 | 1,4 | 3,0 | 6,5 | 12,5 | 16 | 23 | 32 | 19 |
|    | 1450 | 2,1 | 4,5 | 10 | 19 | 25 | 35,5 | 48,5 | 29 |
| 56 | 710 | 0,85 | 2,0 | 4,4 | 7,6 | 10,8 | 15 | 19 | 12,7 |
|    | 950 | 1,15 | 2,7 | 6,0 | 10 | 14,5 | 20 | 25,5 | 17 |
|    | 1450 | 1,75 | 4,1 | 9,1 | 15,5 | 22 | 31 | 39 | 25,9 |
| 63 | 710 | 0,8 | 1,7 | 4,1 | 7,5 | 10 | 14 | 19,5 | 11,3 |
|    | 950 | 1,1 | 2,3 | 5,5 | 9,0 | 13,5 | 19 | 26 | 15 |
|    | 1450 | 1,65 | 3,5 | 8,4 | 15 | 20,5 | 28,5 | 40 | 23 |
| 71 | 710 | 0,7 | 1,55 | 3,6 | 6,8 | 9,0 | 12 | 17 | 10 |
|    | 950 | 0,95 | 2,1 | 4,3 | 9,2 | 12 | 16 | 23 | 13,3 |
|    | 1450 | 1,45 | 3,2 | 7,4 | 14 | 18,5 | 25 | 35 | 20,4 |
| 80 | 710 | 0,63 | 1,37 | 3,2 | 5,9 | 7,8 | 11 | 15 | 8,9 |
|    | 950 | 0,85 | 1,8 | 4,3 | 7,9 | 10,5 | 15 | 20 | 11,9 |
|    | 1450 | 1,3 | 2,8 | 6,5 | 12 | 16 | 22,5 | 30,5 | 18,1 |
| 90 | 710 | 0,54 | 1,25 | 2,8 | 4,8 | 6,8 | 9,5 | 12 | 7,9 |
|    | 950 | 0,7 | 1,7 | 3,7 | 6,4 | 9,2 | 13 | 16 | 10,5 |
|    | 1450 | 1,1 | 2,6 | 5,7 | 9,8 | 14 | 19,5 | 24,5 | 16,1 |
| 100 | 710 | 0,49 | 1,1 | 2,3 | 4,3 | 5,9 | 8,5 | 10,7 | 7,1 |
|     | 950 | 0,66 | 1,5 | 3,1 | 5,8 | 7,9 | 11,5 | 14,5 | 9,5 |
|     | 1450 | 1,0 | 2,3 | 4,7 | 8,8 | 12 | 17,5 | 22 | 14,5 |
| 112 | 710 | 0,44 | 0,98 | 2,0 | 3,8 | 5,4 | 7,8 | 9,5 | 6,3 |
|     | 950 | 0,6 | 1,3 | 2,7 | 5,1 | 7,2 | 10,5 | 13 | 8,5 |
|     | 1450 | 0,9 | 2,0 | 4,1 | 7,8 | 11 | 16 | 19,5 | 12,9 |
| 125 | 710 | 0,38 | 0,78 | 1,45 | 3,4 | 4,8 | 6,8 | 8,3 | 5,7 |
|     | 950 | 0,51 | 1,05 | 2,0 | 4,6 | 6,5 | 9,2 | 11 | 7,6 |
|     | 1450 | 0,78 | 1,6 | 3,0 | 7,0 | 9,9 | 14 | 17 | 11,6 |
| 140 | 710 | 0,32 | 0,73 | 1,2 | 3,0 | 4,0 | 5,9 | 7,1 | 5,1 |
|     | 950 | 0,43 | 0,98 | 1,6 | 4,0 | 5,4 | 7,9 | 9,5 | 6,8 |
|     | 1450 | 0,65 | 1,5 | 2,4 | 6,1 | 8,2 | 12 | 14,5 | 10,35 |

## III. Getriebeblätter. Zusammenstellung der vereinheitlichten Abmessungen

Es liegen somit bei folgenden Getrieben mit waagerechten An- und Abtriebszapfen die Vorschläge für einheitliche Anschlußmaße vor:

Getriebeblatt 10. S-Getriebe I-stufig. Ungehärtete Zahnräder.
" 11. " " Gehärtete Zahnräder.
" 12. " II " Ungehärtete Zahnräder.
" 13 " " Gehärtete Zahnräder.
" 14 " " Gleichachsig.
" 15 " III " Ungehärtete Zahnräder.
" 16 " " Gehärtete Zahnräder.
" 17 K-Getriebe I-stufig.
" 18 " II " Stirnräder ungehärtet.
" (19) " " " gehärtet.
" 20 " III " " ungehärtet.
" (21) " " " gehärtet.

Bei S-Getrieben bleiben für den Erzeuger grundlegend die 15 Gehäuse der I. Stufe für ungehärtete und die 13 Gehäuse für gehärtete Getriebe; für die Zahnräder und Lager kehren in den mehrstufigen Getrieben durch die sich wiederholenden Achsenabstände der I. Stufe immer die gleichen Abmessungen wieder. Die Lagerhaltung des Erzeugers an Radrohlingen wird nach dem Beispiel bekannter Getriebereihen durch die Vorzugsübersetzungen 3,55, 4,5 und 5,6 für die II. und III. Stufen beträchtlich verringert. Da die Größen aber nicht mehr von Firma zu Firma verschieden sind, ergeben sich für die Stückzahlen der Schmiedewerke bedeutende Verbesserungen.

Bei S-Getrieben wäre eine weitere Beschränkung der Typen möglich. Denn die Leistungen gehen bei Getrieben mit ungehärteten Rädern bis 560 und bei gehärteten Rädern bis 720 kW. Es wäre anzustreben, daß das Nebeneinander von Getrieben mit gehärteten und ungehärteten Rädern überhaupt eingeschränkt wird, indem von einer bestimmten Leistungsgrenze an nur noch Getriebe mit gehärteten Zahnrädern verwendet werden. Eine solche Auswahl kann der Erzeuger oder eine Verbrauchergruppe vornehmen.

Für K-Getriebe werden nur gehärtete Kegelräder verwendet. In der II. und III. Stufe sind wahlweise gehärtete oder ungehärtete Zahnräder möglich. Da der Vorteil der gehärteten Stirnräder hier nicht so stark in Erscheinung tritt, könnte man sich in der II. und III. Stufe mit Getrieben für ungehärtete Stirnräder begnügen. Also Wegfall der Ausführungen nach Getriebeblatt 19 und 21. Vorzugsweise finden Kegelräder mit i = 3,15 und 5 Verwendung.

Dr.-Ing. Wolfram Lindner

## Getriebeblatt 10

S-Getriebe 1stufig; Ungehärtete Zahnräder; Vorschlag

| a mm | h mm | Umrisse | | | An- und Abtrieb i=1 bis 3,55 / i = 4 bis 8 | | | | | | | | Schrauben | | | | | |
|---|---|---|---|---|---|---|---|---|---|---|---|---|---|---|---|---|---|---|
| | | $l_{max}$ | b | $h_{gmax}$ | $d_1$ | $l_1$ | $d_1$ | $l_1$ | m | D | L | e | $e_1$ | $e_2$ | $b_s$ | $d_s$ | S |
| 80 | 90 | 290 | 135 | 190 | 25 | 60 | 25 | 60 | 100 | 30 | 80 | 220 | 115 | 60 | 50 | 11,5 | 14 |
| 100 | 112 | 360 | 170 | 230 | 30 | 80 | 25 | 60 | 105 | 35 | 80 | 270 | 140 | 70 | 67,5 | 14 | 20 |
| 125 | 140 | 420 | 205 | 285 | 35 | 80 | 30 | 80 | 110 | 45 | 100 | 320 | 170 | 90 | 80 | 14 | 20 |
| 140 | 160 | 460 | 220 | 320 | 40 | 100 | 30 | 80 | 125 | 55 | 125 | 355 | 195 | 100 | 90 | 14 | 20 |
| 160 | 180 | 520 | 240 | 360 | 45 | 100 | 35 | 80 | 140 | 60 | 150 | 395 | 215 | 110 | 100 | 18 | 28 |
| 180 | 200 | 570 | 260 | 400 | 50 | 125 | 40 | 100 | 145 | 60 | 150 | 425 | 235 | 120 | 105 | 18 | 28 |
| 200 | 224 | 615 | 270 | 450 | 60 | 150 | 40 | 100 | 150 | 60 | 150 | 500 | 270 | 140 | 110 | 23 | 35 |
| 224 | 250 | 680 | 280 | 490 | 60 | 150 | 45 | 100 | 160 | 70 | 150 | 535 | 295 | 150 | 115 | 23 | 35 |
| 250 | 280 | 770 | 330 | 550 | 60 | 150 | 50 | 125 | 170 | 80 | 180 | 585 | 325 | 170 | 135 | 23 | 35 |
| 280 | 315 | 845 | 350 | 625 | 70 | 150 | 55 | 125 | 200 | 90 | 180 | 660 | 370 | 180 | 145 | 27 | 45 |
| 315 | 355 | 935 | 390 | 700 | 80 | 180 | 60 | 150 | 210 | 100 | 210 | 730 | 420 | 200 | 160 | 27 | 45 |
| 355 | 400 | 1030 | 425 | 780 | 90 | 180 | 70 | 150 | 240 | 110 | 210 | 825 | 470 | 225 | 170 | 33 | 55 |
| 400 | 450 | 1170 | 460 | 880 | 100 | 210 | 80 | 180 | 270 | 125 | 250 | 915 | 535 | 250 | 190 | 33 | 55 |
| 450 | 500 | 1315 | 500 | 980 | 110 | 210 | 90 | 180 | 300 | 140 | 250 | 1060 | 610 | 300 | 210 | 39 | 70 |
| 500 | 560 | 1455 | 550 | 1090 | 125 | 250 | 90 | 180 | 325 | 160 | 300 | 1160 | 665 | 340 | 230 | 39 | 70 |

Getriebeblatt 11

S-Getriebe Istufig; Gehärtete Zahnräder; Vorschlag

| a mm | h mm | Umrisse ||| An- und Abtrieb ||||||| | D | L | e | e₁ | e₂ | Schrauben |||
|---|---|---|---|---|---|---|---|---|---|---|---|---|---|---|---|---|---|---|---|
| | | $l_{max}$ | b | $h_g$ | i=1 bis 3,55 || i=4 bis 5,6 || i=6,3 bis 7,1 || m | | | | | | $b_s$ | $d_s$ | s |
| | | | | | $d_1$ | $l_1$ | $d_1$ | $l_1$ | $d_1$ | $l_1$ | | | | | | | | | |
| 80 | 125 | 290 | 175 | 225 | 25 | 60 | 25 | 60 | – | – | 90 | 35 | 80 | 220 | 115 | 60 | 75 | 11,5 | 14 |
| 100 | 140 | 360 | 195 | 260 | 30 | 80 | 30 | 80 | 20 | 50 | 100 | 45 | 100 | 270 | 140 | 70 | 80 | 14 | 20 |
| 125 | 160 | 420 | 215 | 300 | 40 | 100 | 35 | 80 | 25 | 60 | 110 | 55 | 125 | 320 | 170 | 90 | 90 | 14 | 20 |
| 140 | 180 | 460 | 255 | 340 | 55 | 125 | 45 | 100 | 30 | 80 | 130 | 60 | 150 | 355 | 195 | 100 | 110 | 14 | 20 |
| 160 | 200 | 520 | 265 | 380 | 60 | 150 | 50 | 125 | 35 | 80 | 135 | 70 | 150 | 395 | 215 | 110 | 110 | 18 | 28 |
| 180 | 224 | 570 | 295 | 420 | 70 | 150 | 55 | 125 | 40 | 100 | 150 | 80 | 180 | 425 | 235 | 120 | 125 | 18 | 28 |
| 200 | 250 | 615 | 315 | 465 | 70 | 150 | 60 | 150 | 45 | 100 | 160 | 90 | 180 | 500 | 270 | 140 | 130 | 23 | 35 |
| 224 | 280 | 680 | 335 | 520 | 80 | 180 | 60 | 150 | 50 | 125 | 170 | 90 | 180 | 535 | 295 | 150 | 140 | 23 | 35 |
| 250 | 315 | 770 | 365 | 580 | 90 | 180 | 70 | 150 | 55 | 125 | 185 | 100 | 210 | 585 | 325 | 170 | 155 | 23 | 35 |
| 280 | 355 | 845 | 385 | 650 | 90 | 180 | 70 | 150 | 60 | 150 | 190 | 110 | 210 | 660 | 370 | 180 | 160 | 27 | 45 |
| 315 | 400 | 935 | 425 | 730 | 100 | 210 | 80 | 180 | 70 | 150 | 215 | 110 | 210 | 730 | 420 | 200 | 180 | 27 | 45 |
| 355 | 450 | 1030 | 455 | 820 | 110 | 210 | 90 | 180 | 80 | 180 | 230 | 125 | 250 | 825 | 470 | 225 | 185 | 33 | 55 |
| 400 | 500 | 1170 | 485 | 910 | 125 | 250 | 100 | 210 | 90 | 180 | 245 | 140 | 250 | 915 | 535 | 250 | 200 | 33 | 55 |

Getriebebeblatt 12

S-Getriebe IIstufig versetzt; Ungehärtete Zahnräder; Vorschlag

| a mm | h mm | Umrisse ||| An- und Abtrieb |||||| Schrauben ||||||
|---|---|---|---|---|---|---|---|---|---|---|---|---|---|---|---|---|
| | | $l_{max}$ | b | $h_{gmax}$ | $i=6,3$ bis $12,5$ || $i \geq 14$ || m | D | L | e | $e_1$ | $e_2$ | $e_3$ | $b_s$ | $d_s$ | S |
| | | | | | $d_1$ | $l_1$ | $d_1$ | $l_1$ | | | | | | | | | | |
| 205 | 140 | 450 | 300 | 285 | 25 | 60 | 25 | 60 | 155 | 35 | 80 | 360 | 235 | 80 | 62 | 130 | 14 | 20 |
| 240 | 160 | 515 | 340 | 320 | 30 | 80 | 25 | 60 | 175 | 50 | 125 | 420 | 270 | 100 | 70 | 150 | 14 | 20 |
| 305 | 200 | 640 | 350 | 400 | 35 | 80 | 30 | 80 | 180 | 60 | 150 | 520 | 340 | 120 | 90 | 150 | 18 | 28 |
| 340 | 224 | 700 | 390 | 450 | 40 | 100 | 30 | 80 | 200 | 60 | 150 | 590 | 380 | 140 | 100 | 165 | 23 | 35 |
| 384 | 250 | 770 | 420 | 490 | 45 | 100 | 35 | 80 | 215 | 70 | 150 | 645 | 425 | 140 | 110 | 180 | 23 | 35 |
| 430 | 280 | 875 | 450 | 550 | 50 | 125 | 40 | 100 | 230 | 80 | 180 | 720 | 480 | 170 | 125 | 195 | 23 | 35 |
| 480 | 315 | 955 | 530 | 625 | 60 | 150 | 40 | 100 | 270 | 90 | 180 | 800 | 535 | 170 | 140 | 230 | 27 | 45 |
| 539 | 355 | 1075 | 560 | 700 | 60 | 150 | 45 | 100 | 285 | 100 | 210 | 900 | 605 | 210 | 160 | 245 | 27 | 45 |
| 605 | 400 | 1200 | 640 | 780 | 60 | 150 | 50 | 125 | 325 | 110 | 210 | 1015 | 675 | 240 | 180 | 275 | 33 | 55 |
| 680 | 450 | 1350 | 720 | 880 | 70 | 150 | 55 | 125 | 365 | 125 | 250 | 1125 | 755 | 270 | 200 | 315 | 33 | 55 |
| 765 | 500 | 1525 | 800 | 980 | 80 | 180 | 60 | 150 | 405 | 140 | 250 | 1280 | 850 | 310 | 225 | 350 | 39 | 70 |
| 855 | 560 | 1715 | 870 | 1090 | 90 | 180 | 70 | 150 | 440 | 160 | 300 | 1425 | 955 | 350 | 250 | 385 | 39 | 70 |

## Getriebeblatt 13

### S-Getriebe IIstufig, versetzt; Vorschlag
### Räder gehärtet

| a mm | h mm | Umrisse | | | Antrieb | | | | | | Abtrieb | | | | | | Schrauben | | | | |
|---|---|---|---|---|---|---|---|---|---|---|---|---|---|---|---|---|---|---|---|---|---|
| | | $l_{max}$ | b | $h_g$ | $i=6,3\div12,5$ | | $i=14\div25$ | | $i=28\div40$ | | m | D | L | e | $e_1$ | $e_2$ | $e_3$ | $b_s$ | $d_s$ | s |
| | | | | | $d_1$ | $l_1$ | $d_1$ | $l_1$ | $d_1$ | $l_1$ | | | | | | | | | | |
| 240 | 180 | 515 | 290 | 340 | 30 | 80 | 30 | 80 | 20 | 50 | 150 | 70 | 150 | 420 | 270 | 100 | 70 | 125 | 14 | 20 |
| 305 | 224 | 640 | 340 | 420 | 40 | 100 | 35 | 80 | 25 | 60 | 175 | 80 | 180 | 520 | 340 | 120 | 90 | 145 | 18 | 28 |
| 340 | 250 | 700 | 370 | 465 | 55 | 125 | 45 | 100 | 30 | 80 | 190 | 90 | 180 | 590 | 380 | 140 | 100 | 155 | 23 | 35 |
| 384 | 280 | 775 | 390 | 520 | 60 | 150 | 50 | 125 | 35 | 80 | 200 | 100 | 210 | 620 | 400 | 150 | 112 | 165 | 23 | 35 |
| 430 | 315 | 875 | 430 | 580 | 70 | 150 | 55 | 125 | 40 | 100 | 220 | 110 | 210 | 730 | 480 | 180 | 125 | 185 | 23 | 35 |
| 480 | 355 | 960 | 440 | 650 | 70 | 150 | 60 | 150 | 45 | 100 | 225 | 125 | 250 | 785 | 505 | 195 | 140 | 185 | 27 | 45 |
| 539 | 400 | 1075 | 510 | 730 | 80 | 180 | 60 | 150 | 50 | 125 | 260 | 140 | 250 | 900 | 605 | 210 | 155 | 220 | 27 | 45 |
| 605 | 450 | 1195 | 540 | 820 | 90 | 180 | 70 | 150 | 55 | 125 | 275 | 140 | 250 | 975 | 635 | 240 | 175 | 225 | 33 | 55 |
| 680 | 500 | 1350 | 580 | 910 | 90 | 180 | 70 | 150 | 60 | 150 | 295 | 160 | 300 | 1145 | 775 | 270 | 200 | 245 | 33 | 55 |
| 765 | 560 | 1475 | 630 | 970 | 100 | 210 | 80 | 180 | 70 | 150 | 320 | 180 | 300 | 1230 | 800 | 310 | 225 | 265 | 39 | 70 |

Getriebeblatt 14

S-Getriebe IIstufig gleichachsig; Vorschlag

I.Stufe Räder ungehärtet; II.Stufe Räder gehärtet

| a mm | h mm | Umrisse | | | An- und Abtrieb | | | | | | D | L | Schrauben | | | | | |
|---|---|---|---|---|---|---|---|---|---|---|---|---|---|---|---|---|---|---|
| | | $l_{max}$ | b | $h_{gmax}$ | i=7,1 bis 12,5 | | i ≈ 14 | | m | | | | e | $e_1$ | $e_2$ | $e_3$ | $b_s$ | $d_s$ | S |
| | | | | | $d_1$ | $l_1$ | $d_1$ | $l_1$ | | | | | | | | | | | |
| 100 | 112 | 400 | 320 | 230 | 30 | 80 | 25 | 60 | 165 | 45 | 100 | 300 | 175 | 70 | 50 | 140 | 14 | 20 |
| 125 | 140 | 470 | 350 | 285 | 35 | 80 | 30 | 80 | 185 | 55 | 125 | 375 | 215 | 90 | 65 | 150 | 18 | 28 |
| 140 | 160 | 515 | 420 | 320 | 40 | 100 | 30 | 80 | 220 | 60 | 150 | 415 | 245 | 100 | 70 | 185 | 18 | 28 |
| 160 | 180 | 580 | 450 | 360 | 45 | 100 | 35 | 80 | 230 | 70 | 150 | 475 | 275 | 110 | 80 | 195 | 23 | 36 |
| 180 | 200 | 635 | 480 | 400 | 50 | 125 | 40 | 100 | 250 | 80 | 180 | 510 | 300 | 120 | 90 | 210 | 23 | 36 |
| 200 | 224 | 690 | 520 | 450 | 60 | 150 | 40 | 100 | 270 | 90 | 180 | 570 | 340 | 140 | 100 | 230 | 23 | 36 |
| 224 | 250 | 765 | 560 | 490 | 60 | 150 | 45 | 100 | 285 | 100 | 210 | 650 | 395 | 150 | 115 | 245 | 27 | 45 |
| 250 | 280 | 865 | 610 | 550 | 60 | 150 | 50 | 125 | 310 | 110 | 210 | 685 | 410 | 170 | 125 | 270 | 27 | 45 |
| 280 | 315 | 950 | 670 | 625 | 70 | 150 | 55 | 125 | 345 | 125 | 250 | 760 | 475 | 180 | 140 | 300 | 27 | 45 |
| 315 | 355 | 1020 | 720 | 700 | 80 | 180 | 60 | 150 | 370 | 125 | 250 | 865 | 535 | 200 | 160 | 315 | 33 | 55 |
| 355 | 400 | 1140 | 800 | 780 | 90 | 180 | 70 | 150 | 405 | 140 | 250 | 960 | 605 | 225 | 180 | 355 | 33 | 55 |
| 400 | 450 | 1290 | 880 | 880 | 100 | 210 | 90 | 180 | 450 | 160 | 300 | 1085 | 680 | 250 | 200 | 390 | 39 | 70 |

## Getriebeblatt 15

S-Getriebe IIIstufig; Vorschlag

Räder ungehärtet

| $a_I$ | $a=a_{II}+a_{III}$ | Umrisse | | | | An- und Abtrieb | | | | | | | Schrauben | | | | | | | |
|---|---|---|---|---|---|---|---|---|---|---|---|---|---|---|---|---|---|---|---|---|
| | | h | $l_{max}$ | b | $h_g$ | $i \leq 45$ | | $i \geq 50$ | | m | D | L | e | $e_1$ | $e_2$ | $e_3$ | $b_s$ | $d_s$ | s |
| | | | | | | $d_1$ | $l_1$ | $d_1$ | $l_1$ | | | | | | | | | | |
| 100 | 340 | 224 | 710 | 390 | 450 | 30 | 80 | 25 | 60 | 200 | 70 | 150 | 580 | 390 | 120 | 100 | 165 | 23 | 35 |
| 125 | 430 | 280 | 890 | 450 | 530 | 35 | 80 | 30 | 80 | 230 | 90 | 180 | 710 | 490 | 150 | 125 | 195 | 23 | 35 |
| 140 | 480 | 315 | 975 | 530 | 600 | 40 | 100 | 30 | 80 | 270 | 90 | 180 | 780 | 545 | 165 | 140 | 230 | 23 | 35 |
| 160 | 539 | 355 | 1095 | 560 | 675 | 45 | 100 | 35 | 80 | 285 | 100 | 210 | 875 | 610 | 185 | 160 | 245 | 27 | 45 |
| 180 | 605 | 400 | 1230 | 640 | 760 | 50 | 125 | 40 | 100 | 325 | 110 | 210 | 980 | 685 | 215 | 180 | 275 | 27 | 45 |
| 200 | 680 | 450 | 1355 | 720 | 850 | 60 | 150 | 40 | 100 | 365 | 125 | 250 | 1100 | 765 | 235 | 200 | 315 | 33 | 55 |
| 224 | 765 | 500 | 1520 | 800 | 950 | 60 | 150 | 45 | 100 | 405 | 140 | 250 | 1240 | 865 | 275 | 225 | 350 | 33 | 55 |
| 250 | 855 | 560 | 1675 | 870 | 1060 | 60 | 150 | 50 | 125 | 440 | 160 | 300 | 1385 | 965 | 300 | 250 | 385 | 39 | 70 |
| 280 | 960 | 630 | 1890 | 960 | 1190 | 70 | 150 | 55 | 125 | 490 | 180 | 300 | 1540 | 1085 | 335 | 280 | 430 | 39 | 70 |

## Getriebeblatt 16

S-Getriebe IIIstufig, Räder gehärtet; Vorschlag

| $a_I$ mm | $a=a_{II}+a_{III}$ mm | Umrisse | | | An- und Abtrieb | | | | | | | | | | Schrauben | | | | | |
|---|---|---|---|---|---|---|---|---|---|---|---|---|---|---|---|---|---|---|---|---|
| | | h mm | $l_{max}$ | b | $h_g$ | i ≦ 45 | | i = 50-112 | | i ≧ 125 | | m | D | L | e | $e_1$ | $e_2$ | $e_3$ | $b_s$ | $d_s$ | S |
| | | | | | | $d_1$ | $l_1$ | $d_1$ | $l_1$ | $d_1$ | $l_1$ | | | | | | | | | | |
| 80 | 240 | 200 | 540 | 290 | 360 | 25 | 60 | 25 | 60 | 20 | 50 | 150 | 70 | 150 | 450 | 290 | 90 | 70 | 125 | 23 | 35 |
| 100 | 340 | 250 | 715 | 370 | 450 | 30 | 80 | 30 | 80 | 20 | 50 | 190 | 100 | 210 | 590 | 400 | 120 | 100 | 155 | 23 | 35 |
| 125 | 430 | 315 | 885 | 430 | 565 | 40 | 100 | 35 | 80 | 25 | 60 | 220 | 125 | 250 | 720 | 500 | 150 | 125 | 185 | 23 | 35 |
| 140 | 480 | 355 | 975 | 440 | 635 | 55 | 125 | 45 | 100 | 30 | 80 | 225 | 140 | 250 | 810 | 560 | 170 | 140 | 185 | 27 | 45 |
| 160 | 539 | 400 | 1095 | 510 | 720 | 60 | 150 | 50 | 125 | 35 | 80 | 260 | 140 | 250 | 900 | 630 | 190 | 160 | 220 | 27 | 45 |
| 180 | 605 | 450 | 1225 | 540 | 810 | 70 | 150 | 55 | 125 | 40 | 100 | 275 | 160 | 300 | 1025 | 705 | 220 | 175 | 225 | 33 | 55 |
| 200 | 680 | 500 | 1355 | 580 | 900 | 70 | 150 | 60 | 150 | 45 | 100 | 295 | 180 | 300 | 1140 | 790 | 250 | 200 | 245 | 33 | 55 |
| 224 | 765 | 560 | 1500 | 630 | 1010 | 80 | 180 | 60 | 150 | 50 | 125 | 320 | 180 | 300 | 1290 | 890 | 280 | 225 | 265 | 39 | 70 |

## Getriebeblatt 17
### K-Getriebe Istufig; Vorschlag

| $a_k$ | Umrisse | | | | An- und Abtrieb | | | | | | | Schrauben | | | | |
|---|---|---|---|---|---|---|---|---|---|---|---|---|---|---|---|---|
| | h | $l_{max}$ | b | $h_{gmax}$ | $d_1$ | $l_1$ | D | L | m | e | $e_1$ | $e_2$ | $b_s$ | $d_s$ | S | c |
| 150 | 80 | 90 | 180 | 150 | 25 | 60 | 30 | 80 | 95 | 195 | 100 | 50 | 75 | 11,5 | 14 | 40 |
| 180 | 100 | 110 | 210 | 200 | 30 | 80 | 35 | 80 | 110 | 225 | 120 | 60 | 90 | 11,5 | 14 | 40 |
| 200 | 112 | 120 | 240 | 224 | 35 | 80 | 40 | 100 | 125 | 255 | 140 | 65 | 100 | 14 | 20 | 50 |
| 224 | 125 | 135 | 250 | 250 | 40 | 100 | 45 | 100 | 130 | 280 | 150 | 75 | 105 | 14 | 20 | 50 |
| 250 | 140 | 150 | 300 | 280 | 45 | 100 | 50 | 125 | 155 | 315 | 175 | 90 | 130 | 14 | 20 | 50 |
| 280 | 150 | 165 | 330 | 315 | 45 | 100 | 55 | 125 | 170 | 360 | 200 | 95 | 140 | 18 | 28 | 60 |
| 315 | 180 | 190 | 350 | 355 | 50 | 125 | 55 | 125 | 180 | 400 | 220 | 110 | 150 | 18 | 28 | 60 |
| 355 | 200 | 210 | 390 | 400 | 55 | 125 | 60 | 150 | 205 | 445 | 245 | 130 | 170 | 18 | 28 | 60 |
| 400 | 224 | 230 | 440 | 450 | 60 | 150 | 70 | 150 | 230 | 500 | 280 | 140 | 180 | 23 | 36 | 75 |
| 450 | 250 | 250 | 480 | 500 | 60 | 150 | 70 | 180 | 250 | 560 | 315 | 160 | 210 | 23 | 36 | 75 |

Getriebeblatt 18

K-Getriebe IIstufig; Vorschlag

Kegelräder gehärtet, Stirnräder ungehärtet

| | Umrisse | | | An- und Abtrieb | | | | | | Schrauben | | | | | |
|---|---|---|---|---|---|---|---|---|---|---|---|---|---|---|---|
| $a_k$ | h | $l_{max}$ | b | $h_g$ | $d_1$ | $l_1$ | D | L | m | e | $e_1$ | $e_2$ | $e_3$ | $b_s$ | $d_s$ | S | c |
| 250 | 106 | 390 | 185 | 215 | 20 | 50 | 35 | 80 | 120 | 320 | 100 | 170 | 50 | 77,5 | 14 | 20 | 50 |
| 305 | 132 | 470 | 225 | 265 | 25 | 60 | 40 | 100 | 140 | 380 | 120 | 215 | 65 | 95 | 14 | 20 | 50 |
| 340 | 150 | 520 | 265 | 300 | 30 | 80 | 45 | 100 | 155 | 430 | 140 | 240 | 70 | 112 | 14 | 20 | 50 |
| 384 | 170 | 584 | 280 | 340 | 30 | 80 | 50 | 125 | 165 | 480 | 150 | 270 | 80 | 121,5 | 18 | 23 | 60 |
| 430 | 190 | 645 | 305 | 380 | 35 | 80 | 55 | 125 | 185 | 535 | 175 | 300 | 90 | 132,5 | 18 | 23 | 60 |
| 480 | 212 | 715 | 335 | 425 | 35 | 80 | 60 | 150 | 195 | 620 | 200 | 340 | 100 | 145 | 23 | 28 | 70 |
| 539 | 236 | 794 | 355 | 475 | 40 | 100 | 70 | 150 | 210 | 675 | 220 | 374 | 115 | 154 | 23 | 28 | 75 |
| 605 | 265 | 890 | 385 | 530 | 45 | 100 | 80 | 180 | 220 | 740 | 245 | 420 | 125 | 167,5 | 23 | 28 | 75 |
| 680 | 300 | 1000 | 425 | 600 | 50 | 125 | 90 | 180 | 240 | 830 | 280 | 460 | 140 | 182,5 | 27 | 36 | 95 |
| 765 | 335 | 1120 | 460 | 670 | 55 | 125 | 90 | 180 | 270 | 920 | 315 | 515 | 160 | 200 | 27 | 36 | 95 |

## Getriebeblatt 19

**K-Getriebe IIstufig; Vorschlag**

**Gehärtete Zahnräder in II.Stufe**

| $a_k$ | Umrisse | | | An- und Abtrieb | | | | | | Schrauben | | | | | | | |
|---|---|---|---|---|---|---|---|---|---|---|---|---|---|---|---|---|---|
| | h | $l_{max}$ | b | $h_{gmax}$ | $d_1$ | $l_1$ | D | L | m | e | $e_1$ | $e_2$ | $e_3$ | $e_l$ | $b_s$ | $d_s$ | S | C |
| 260 | 100 | 370 | 210 | 200 | 25 | 60 | 35 | 80 | 110 | 305 | 120 | 140 | 40 | 162,5 | 85 | 14 | 20 | 50 |
| 324 | 125 | 465 | 250 | 250 | 30 | 80 | 45 | 100 | 130 | 375 | 150 | 170 | 50 | 197,5 | 100 | 18 | 23 | 60 |
| 405 | 150 | 570 | 330 | 300 | 35 | 80 | 55 | 125 | 170 | 470 | 200 | 215 | 65 | 242,5 | 140 | 18 | 23 | 60 |
| 455 | 180 | 630 | 350 | 360 | 45 | 100 | 70 | 150 | 180 | 515 | 220 | 240 | 70 | 267,5 | 150 | 18 | 23 | 60 |
| 515 | 200 | 715 | 400 | 400 | 45 | 100 | 80 | 180 | 205 | 585 | 245 | 270 | 80 | 305 | 170 | 23 | 28 | 75 |
| 580 | 224 | 800 | 440 | 450 | 50 | 125 | 90 | 180 | 230 | 650 | 280 | 300 | 90 | 335 | 190 | 23 | 28 | 75 |
| 650 | 250 | 885 | 480 | 500 | 55 | 125 | 90 | 180 | 250 | 740 | 315 | 340 | 100 | 382,5 | 205 | 27 | 36 | 95 |

Getriebeblatt 20

K-Getriebe IIIstufig; Vorschlag

Stirnräder ungehärtet

| $a_k$ | h | Umrisse ||| An- und Abtrieb |||| | | Schrauben |||||
|---|---|---|---|---|---|---|---|---|---|---|---|---|---|---|---|
| | | $l_{max}$ | b | $h_{gmax}$ | $d_1$ | $l_1$ | D | L | m | e | $e_1$ | $e_2$ | $e_3$ | $b_s$ | $d_s$ | S | c |
| 390 | 160 | 565 | 340 | 305 | 25 | 60 | 50 | 125 | 175 | 485 | 100 | 340 | 170 | 150 | 14 | 20 | 50 |
| 485 | 200 | 695 | 350 | 385 | 30 | 80 | 60 | 150 | 180 | 605 | 120 | 425 | 215 | 150 | 18 | 28 | 60 |
| 540 | 224 | 770 | 390 | 430 | 35 | 80 | 70 | 150 | 200 | 695 | 140 | 480 | 240 | 165 | 23 | 35 | 70 |
| 608 | 250 | 860 | 420 | 480 | 40 | 100 | 70 | 150 | 215 | 760 | 150 | 535 | 270 | 180 | 23 | 35 | 75 |
| 680 | 280 | 965 | 450 | 535 | 45 | 100 | 80 | 180 | 230 | 850 | 175 | 600 | 305 | 195 | 23 | 35 | 75 |
| 760 | 280 | 1070 | 530 | 560 | 45 | 100 | 90 | 180 | 270 | 945 | 200 | 660 | 340 | 230 | 27 | 45 | 95 |
| 854 | 315 | 1200 | 560 | 610 | 50 | 125 | 100 | 210 | 285 | 1055 | 220 | 750 | 380 | 245 | 27 | 45 | 95 |
| 960 | 355 | 1340 | 640 | 710 | 55 | 125 | 110 | 210 | 325 | 1190 | 245 | 845 | 420 | 275 | 33 | 56 | 105 |
| 1080 | 400 | 1510 | 720 | 800 | 60 | 150 | 125 | 250 | 365 | 1235 | 280 | 950 | 480 | 315 | 33 | 56 | 110 |

## Getriebeblatt 21

### K-Getriebe IIIstufig; Vorschlag
### Stirnräder gehärtet

| | Umrisse | | | An- und Abtrieb | | | | | | Schrauben | | | | | |
|---|---|---|---|---|---|---|---|---|---|---|---|---|---|---|---|
| $a_k$ | h | $l_{max}$ | b | $h_{gmax}$ | $d_1$ | $l_1$ | D | L | m | e | $e_1$ | $e_2$ | $e_3$ | $b_s$ | $d_s$ | S | c |
| 385 | 140 | 545 | 280 | 285 | 30 | 80 | 55 | 125 | 145 | 450 | 120 | 285 | 140 | 120 | 14 | 20 | 50 |
| 464 | 160 | 640 | 360 | 320 | 40 | 100 | 70 | 150 | 185 | 535 | 150 | 340 | 170 | 160 | 14 | 20 | 50 |
| 585 | 200 | 795 | 450 | 400 | 45 | 100 | 90 | 180 | 230 | 685 | 200 | 425 | 215 | 200 | 18 | 28 | 60 |
| 655 | 224 | 885 | 470 | 450 | 50 | 125 | 110 | 210 | 240 | 775 | 220 | 480 | 240 | 205 | 23 | 35 | 70 |
| 739 | 250 | 990 | 500 | 490 | 55 | 125 | 125 | 250 | 260 | 850 | 245 | 530 | 270 | 220 | 23 | 35 | 75 |
| 830 | 280 | 1125 | 560 | 550 | 60 | 150 | 125 | 250 | 290 | 965 | 280 | 610 | 305 | 250 | 23 | 35 | 75 |
| 930 | 315 | 1240 | 600 | 625 | 60 | 150 | 140 | 250 | 310 | 1075 | 315 | 675 | 340 | 260 | 27 | 45 | 95 |

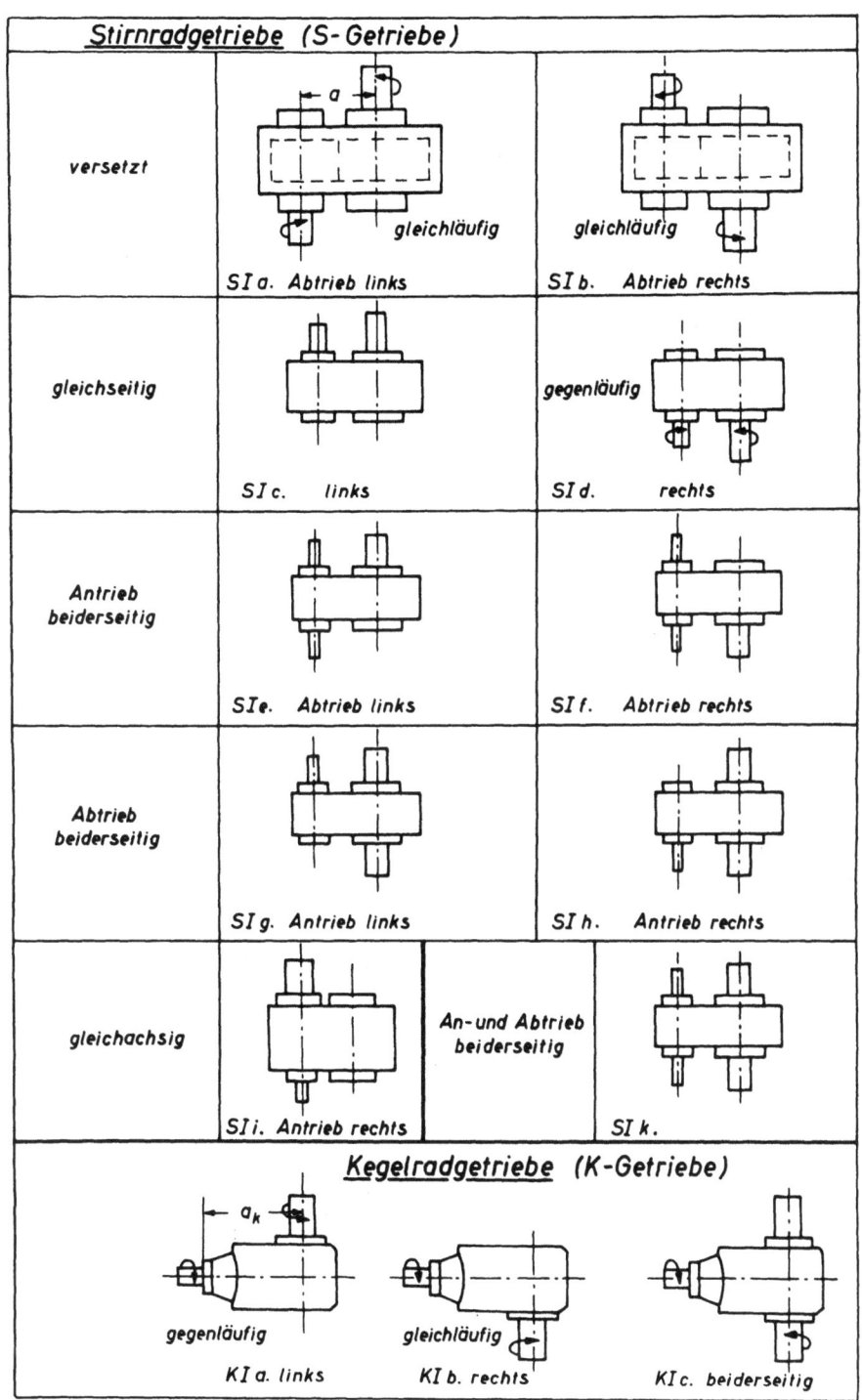

Abbildung 1

Anordnung der An- und Abtriebszapfen

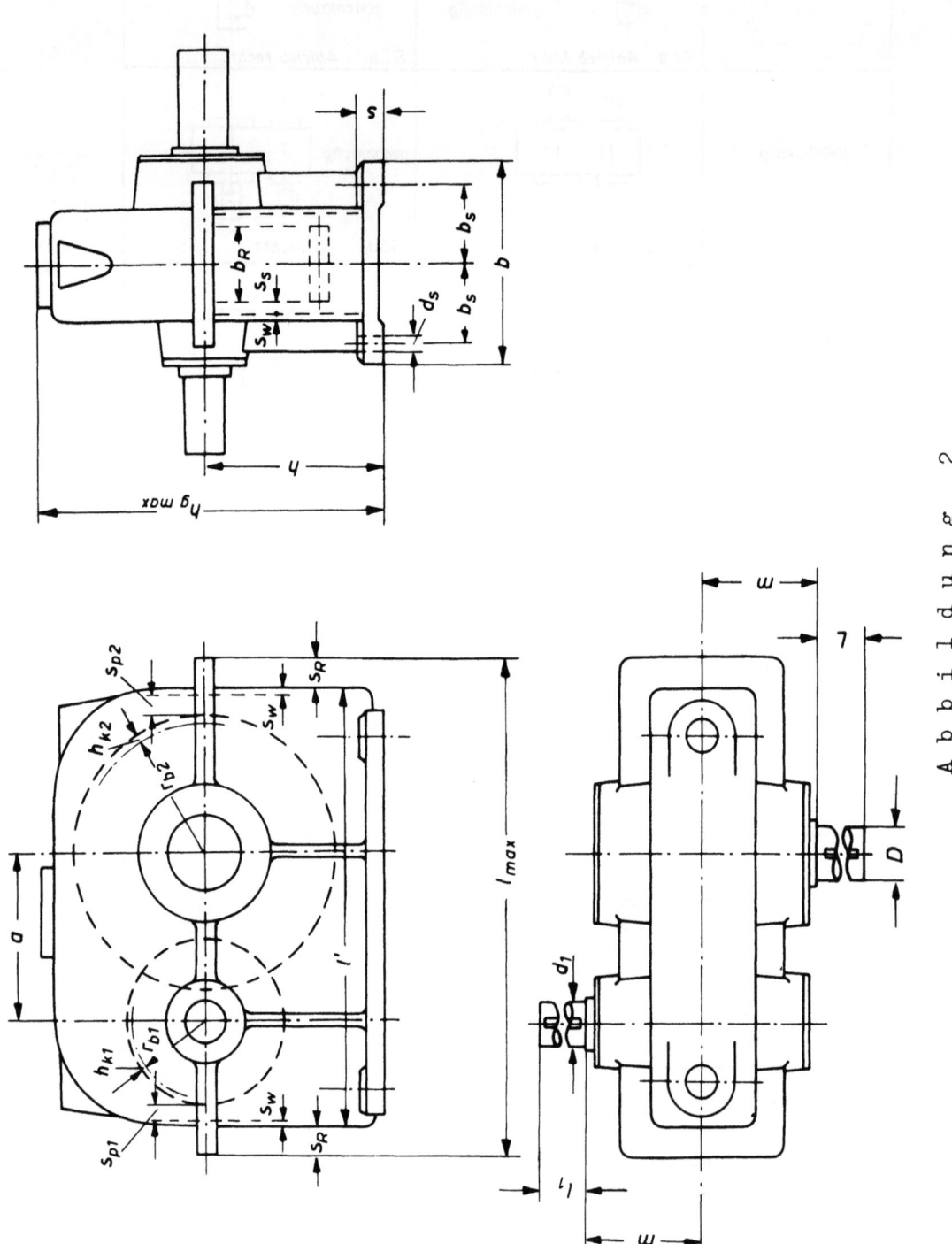

Abbildung 2  Vereinheitlichte Maße am 1stufigen S-Getriebe

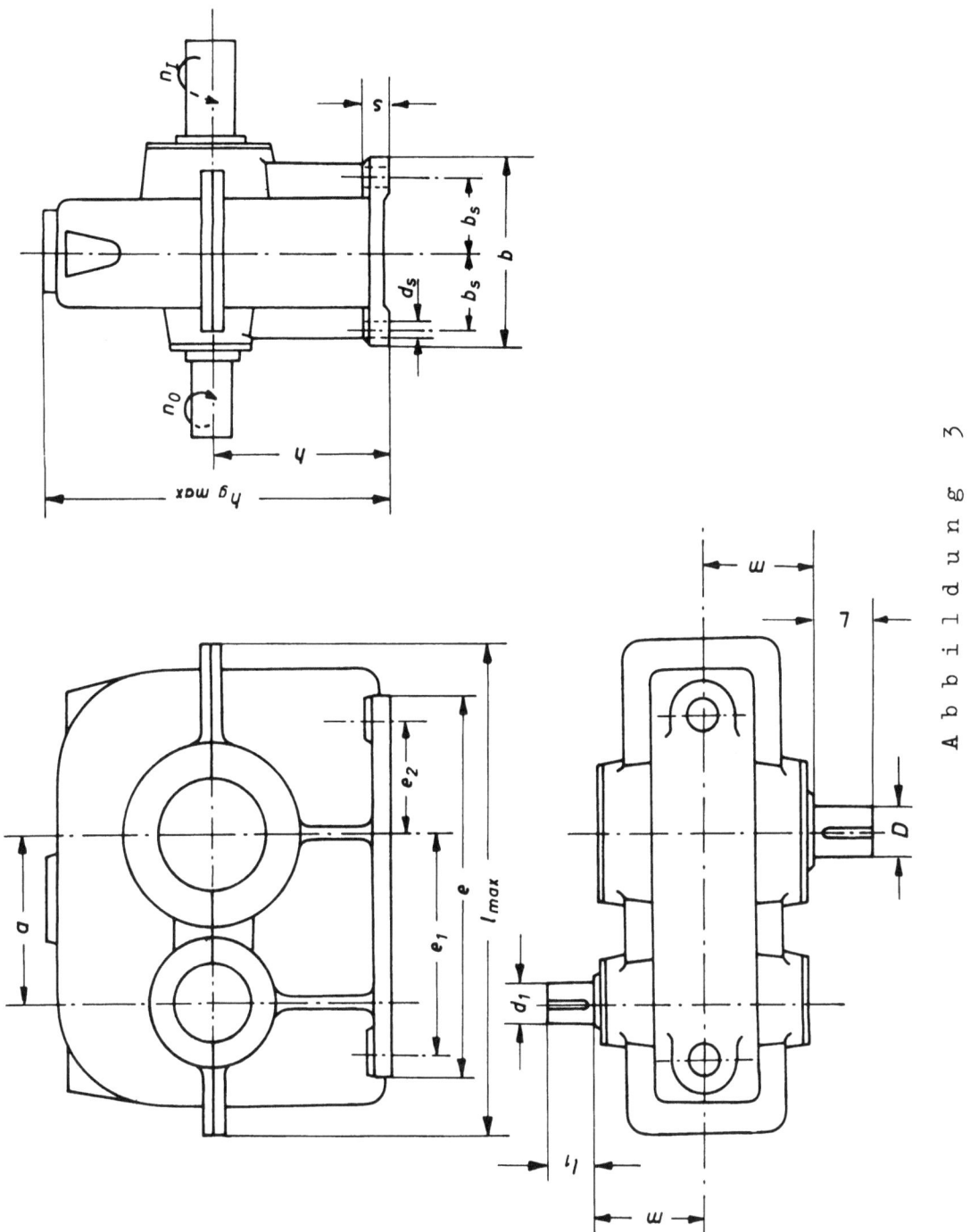

Abbildung 3   Konstruktive Maße am 1stufigen S-Getriebe

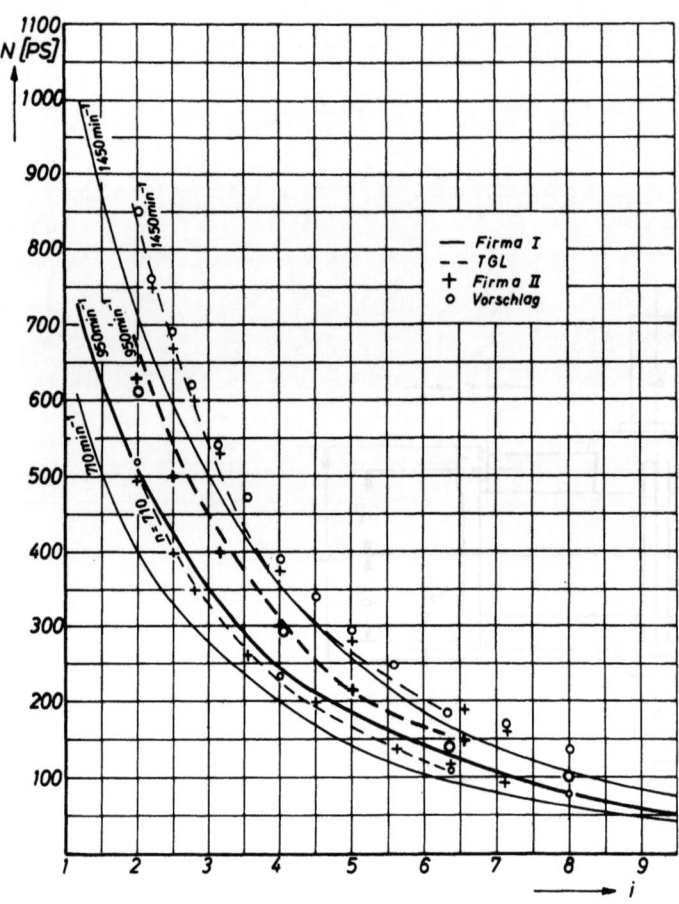

Abbildung 4

Leistung des Istufigen S-Getriebes mit ungehärteten Zahnrädern

a = 400 mm    b = 200 mm

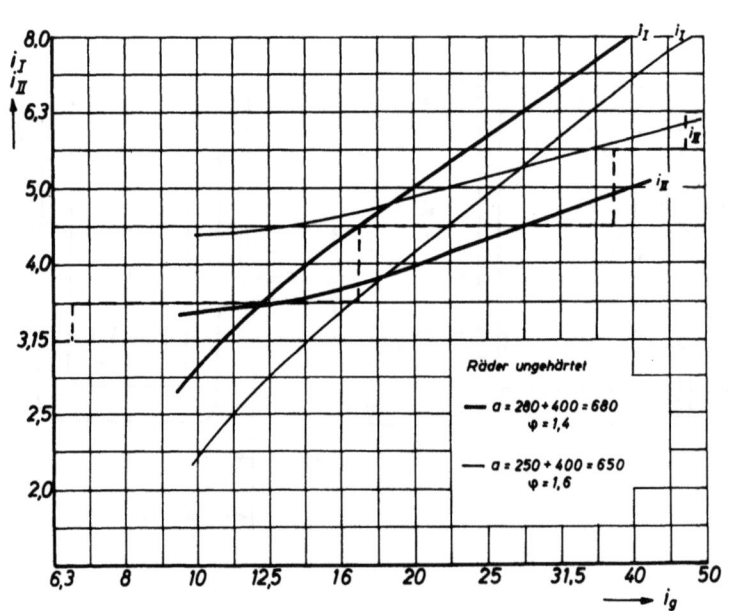

Abbildung 5

Aufteilung der Stufenuntersetzungen $i_I$ und $i_{II}$ für gleiche Leistung in den beiden Stufen des IIstufigen S-Getriebes

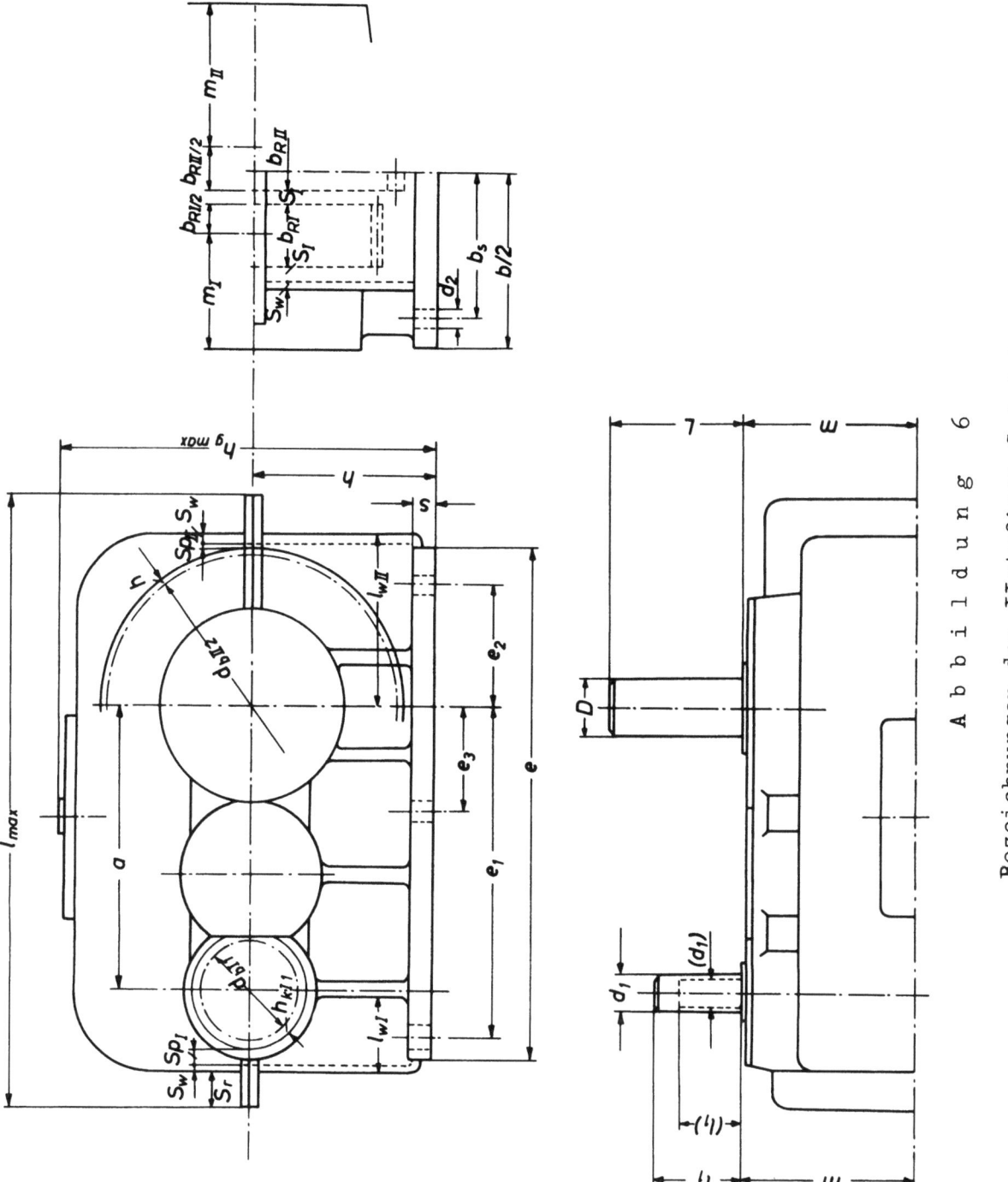

Abbildung 6

Bezeichnungen des IIstufigen Getriebes

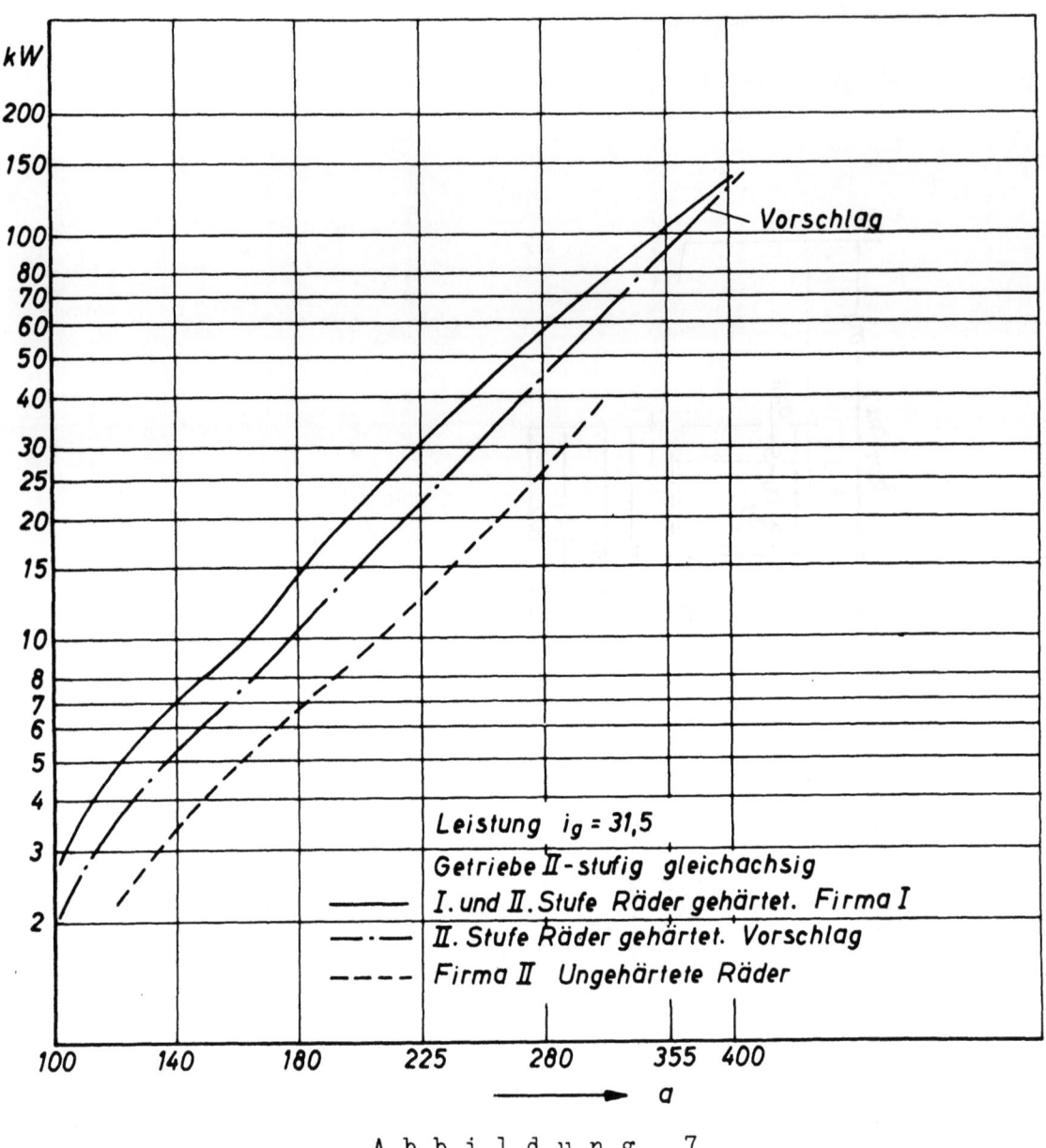

Abbildung 7

Leistungsvergleich für IIstufige gleichachsige Getriebe mit gehärteten (Firma I) und ungehärteten Zahnrädern (Firma II)

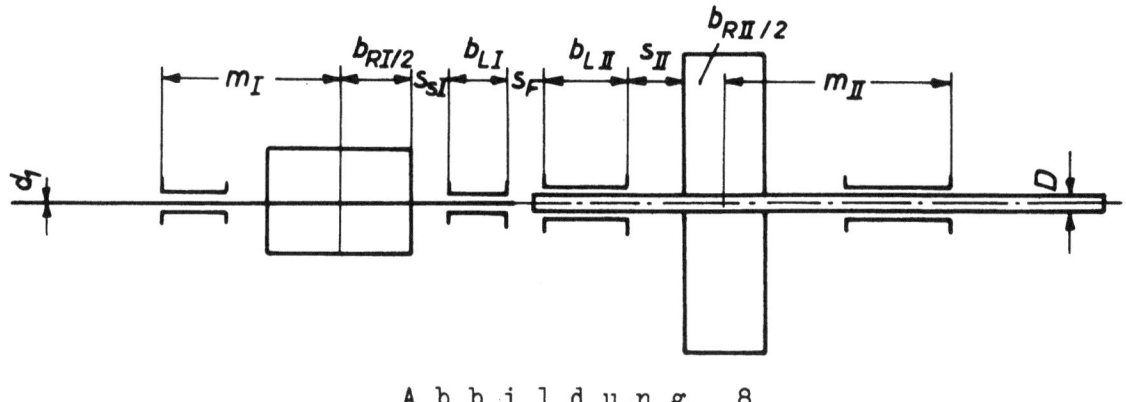

Abbildung 8

An- und Abtriebswelle eines IIstufigen gleichachsigen Getriebes

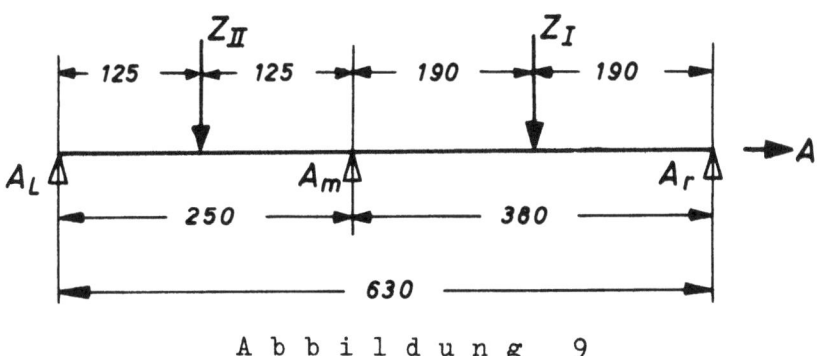

Abbildung 9

Stützdruck $A_m$ des Mittellagers der Zwischenwelle an einem gleichachsigen Getriebe   $a = 400$ mm

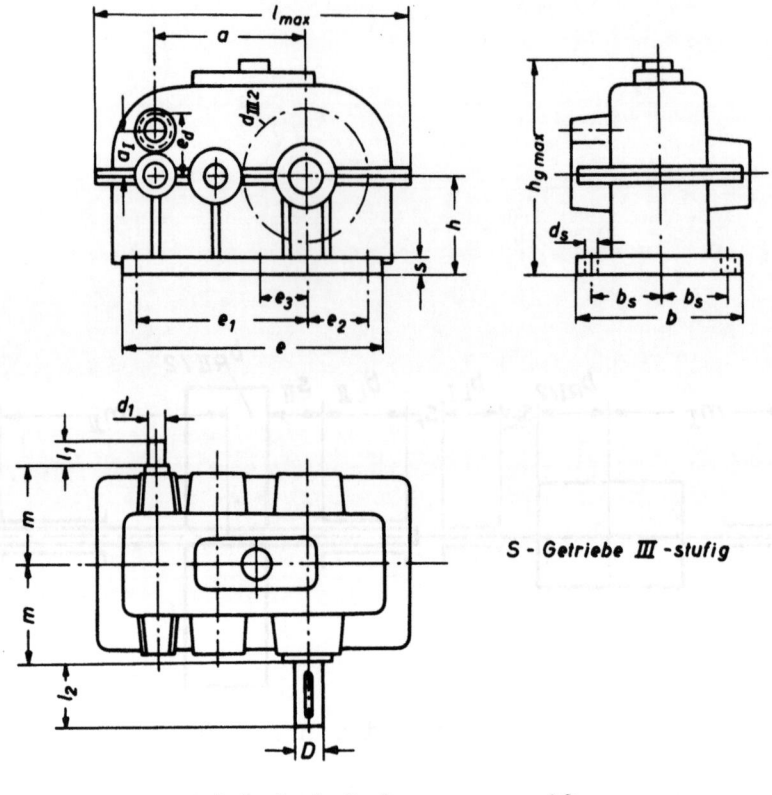

Abbildung 10

IIIstufiges S-Getriebe mit hoch gelegter I.Stufe

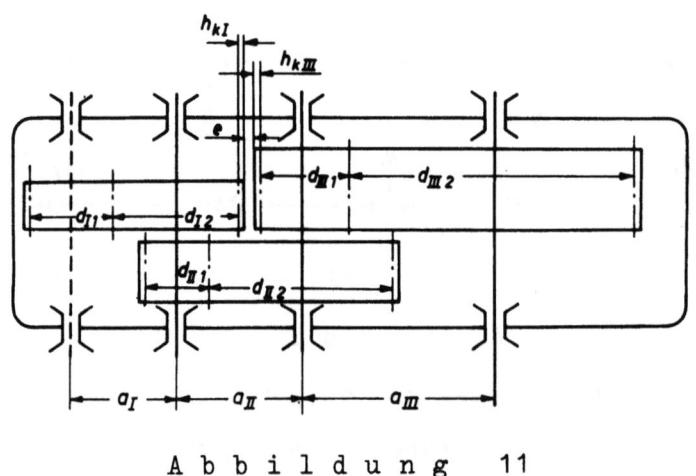

Abbildung 11

Anordnung der Zahnradstufen in einem IIIstufigen S-Getriebe

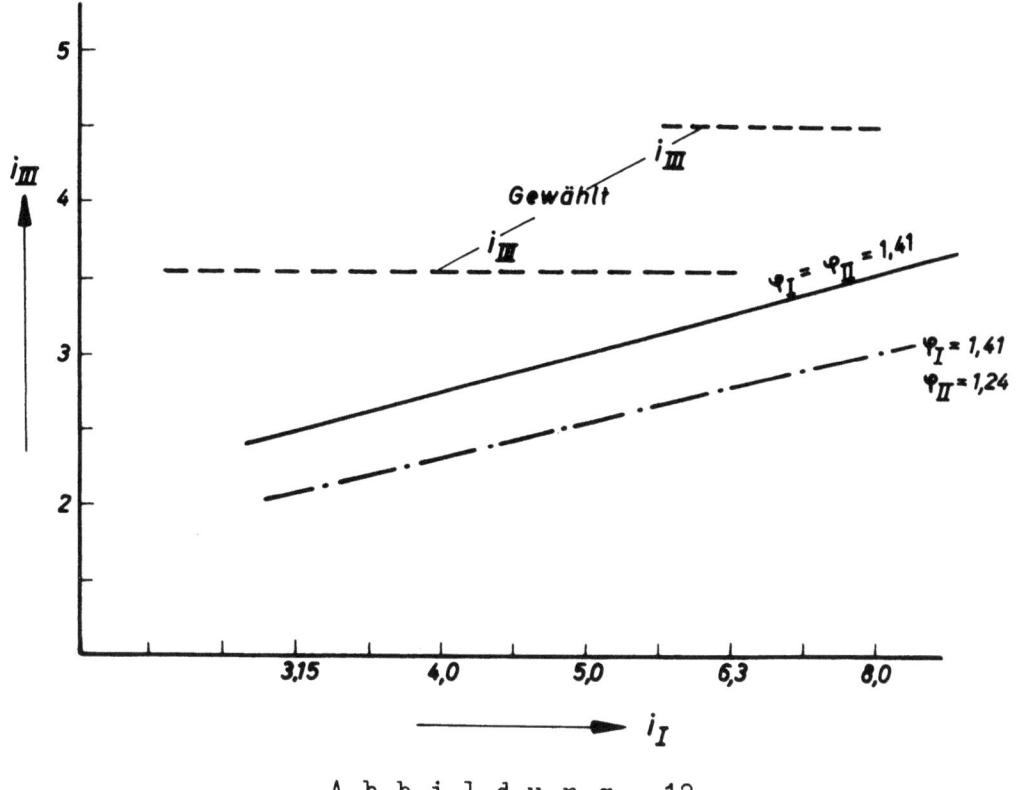

Abbildung 12

Mindestuntersetzung $i_{IIImin}$ der III.Stufe

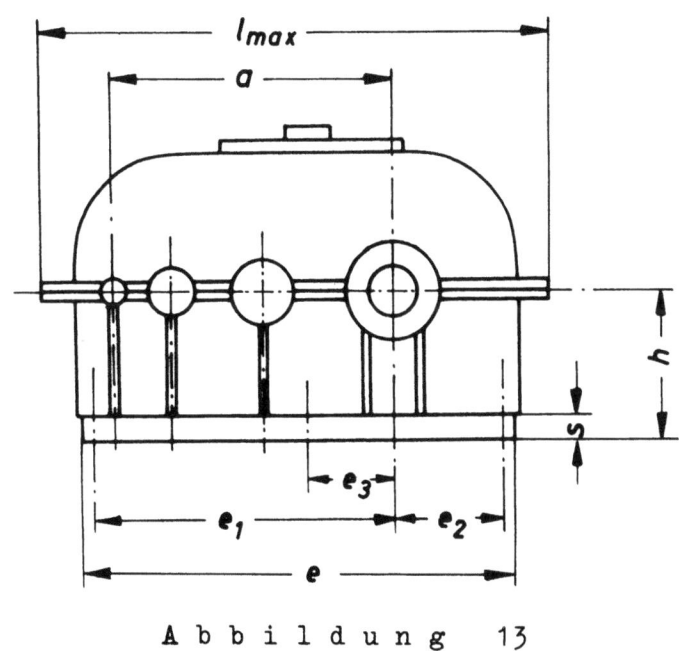

Abbildung 13

IIIstufiges Stirnradgetriebe mit I.Stufe in gleicher Höhe

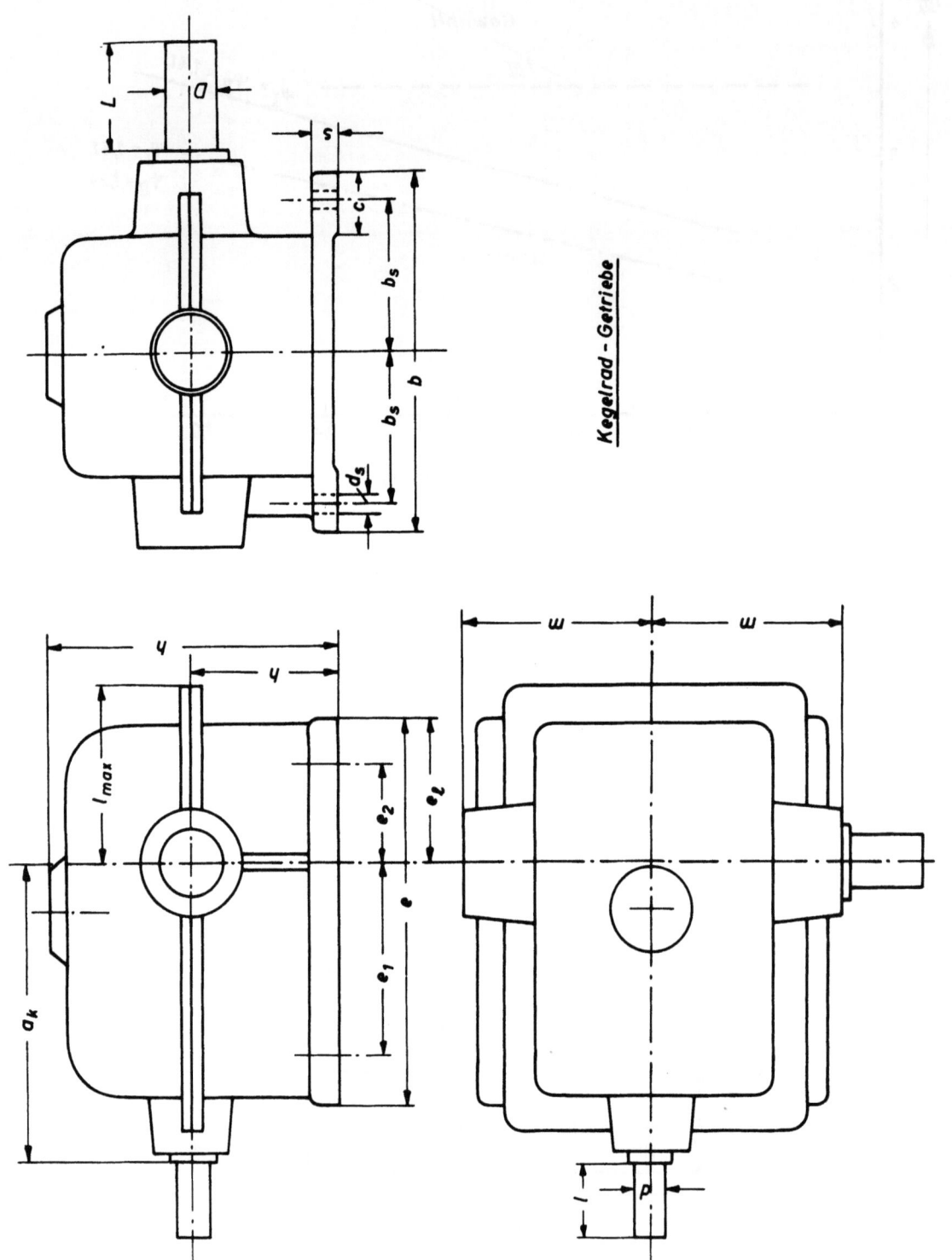

Abbildung 14
Abmessungen des 1stufigen Kegelradgetriebes

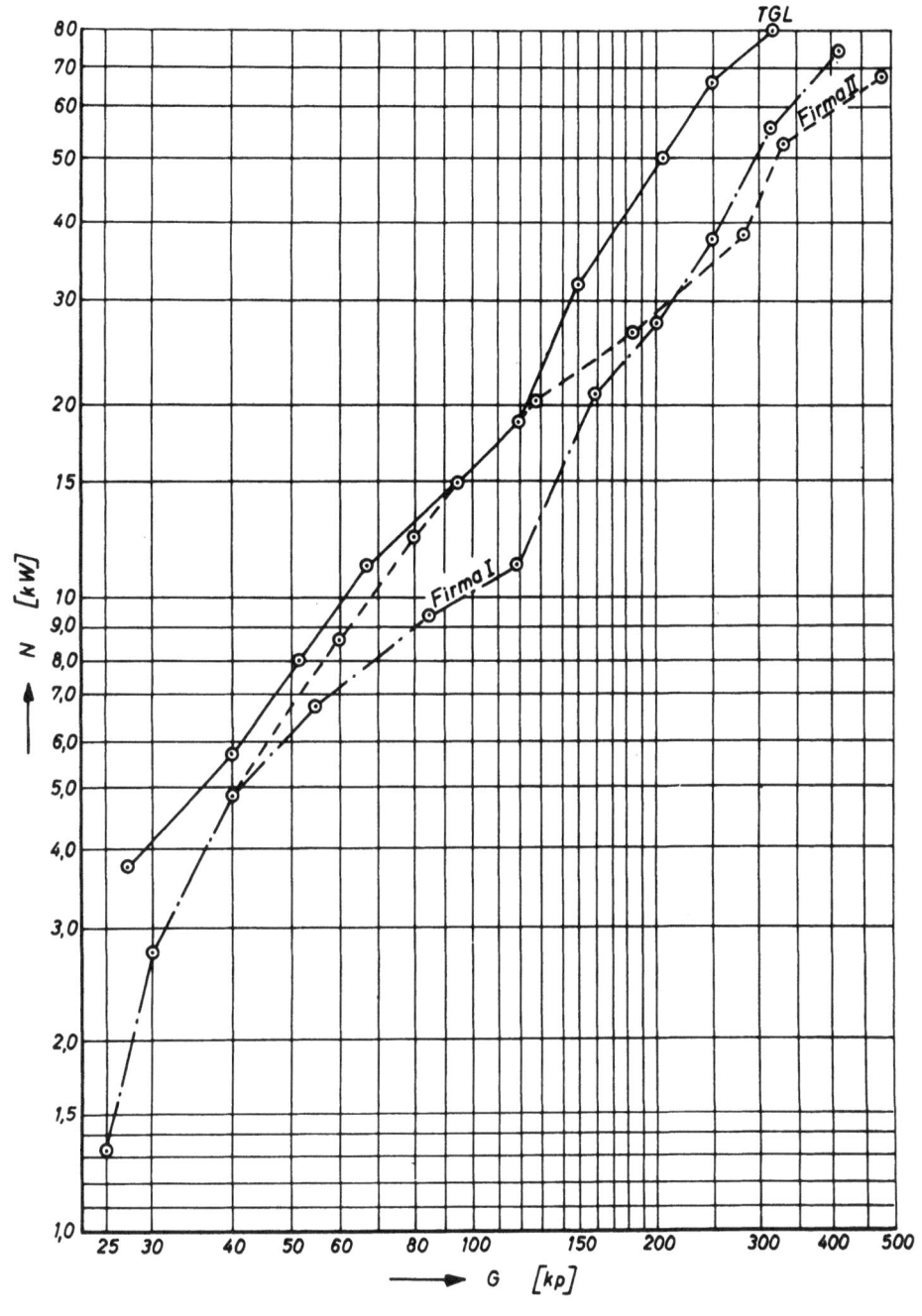

Abbildung 15

Leistungen des K-Getriebes in Abhängigkeit vom Gewicht

TGL und Firma I gehärtete Kegelräder, Firma II ungehärtete Kegelräder

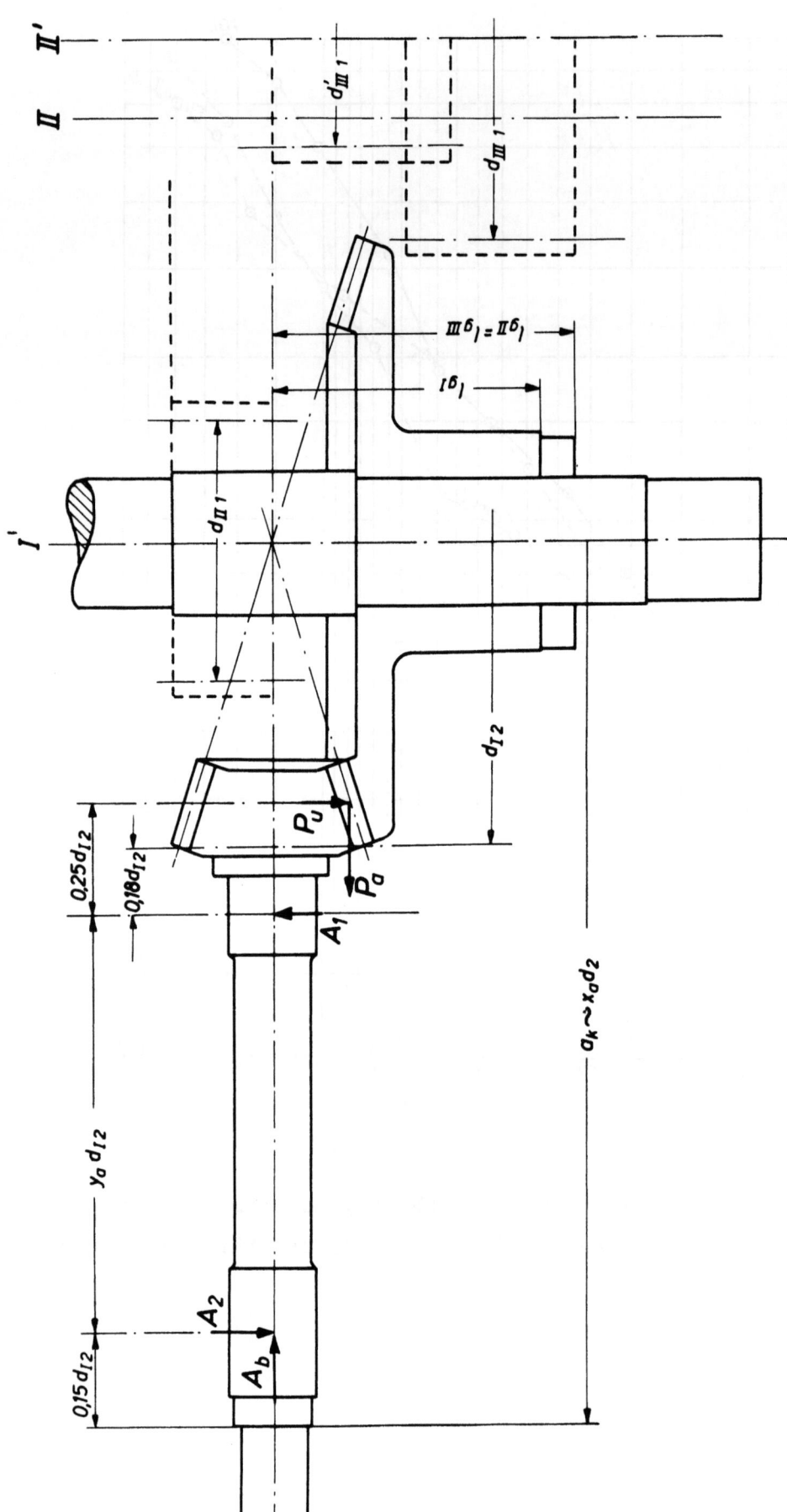

Abbildung 16

Schema der Abstände beim Kegelradgetriebe und Anordnung der Stirnräder in der II. und III.Stufe
$d_{II1}$ und $d_{III1}$ Ritzeldurchmesser für gehärtete Stirnräder in der II. bzw. III.Stufe
$d'_{III1}$ Ritzeldurchmesser für ungehärtete Stirnräder

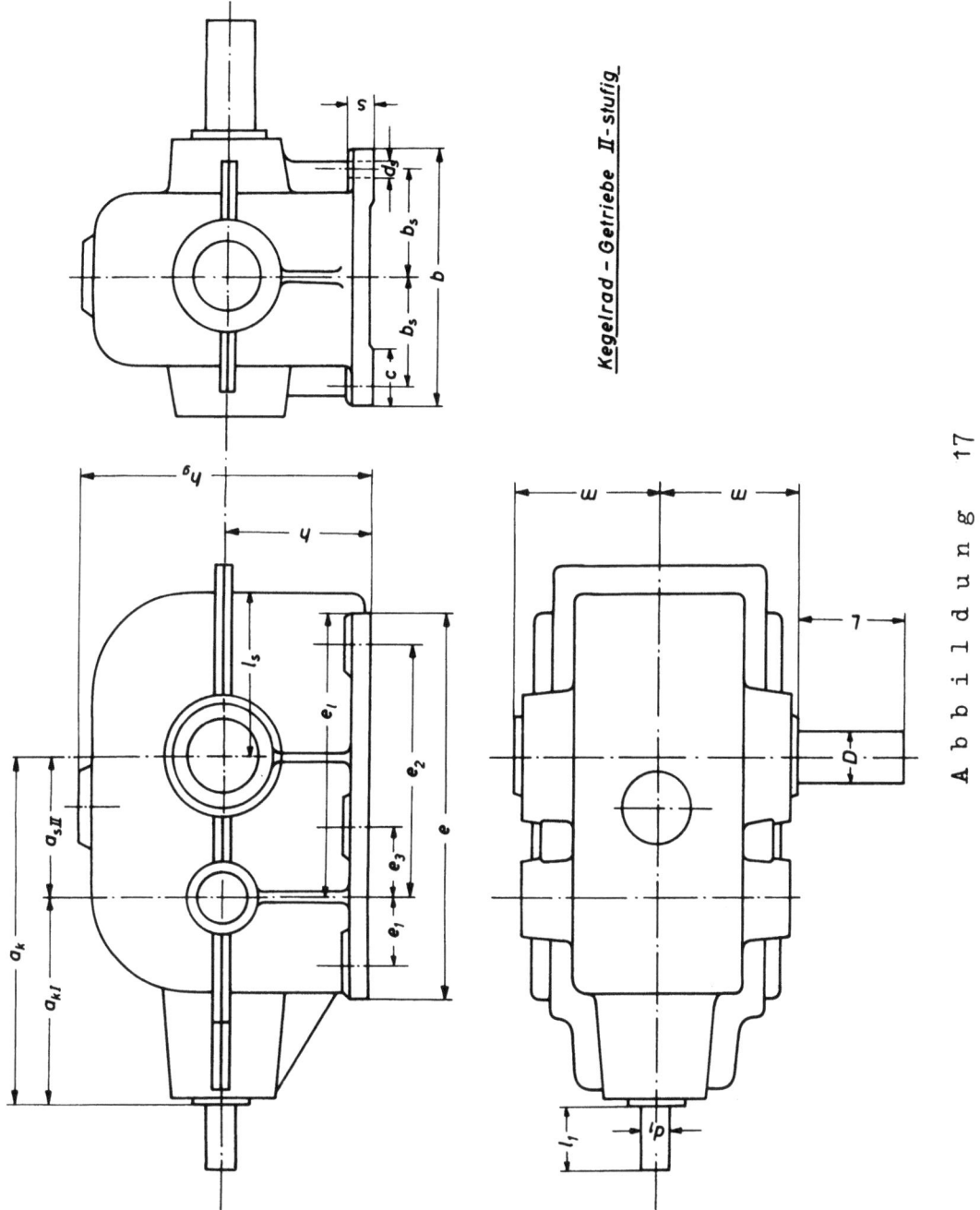

Abbildung 17
Abmessungen des IIstufigen K-Getriebes

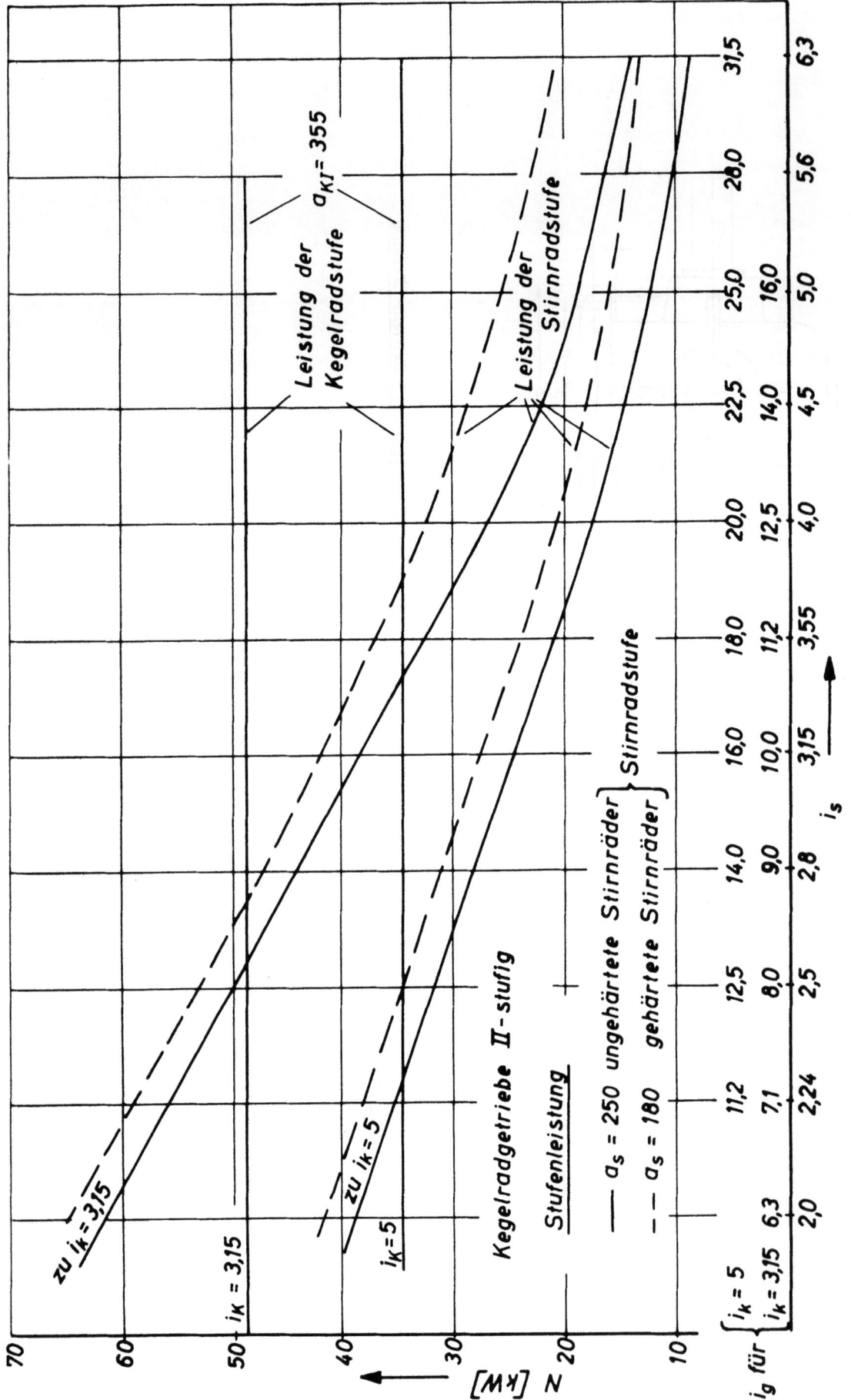

Abbildung 18

Mögliche Leistung der Kegelrad- und der Stirnradstufe beim IIstufigen K-Getriebe

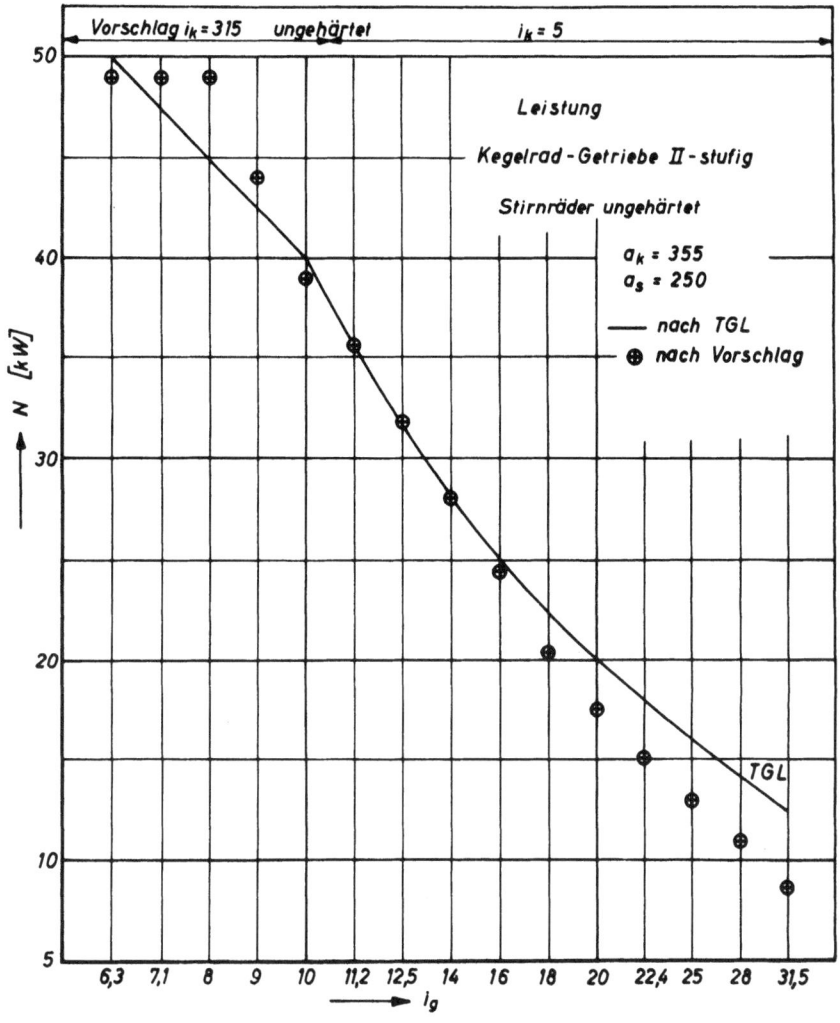

Abbildung 19

Leistungsvergleich des IIstufigen K-Getriebes

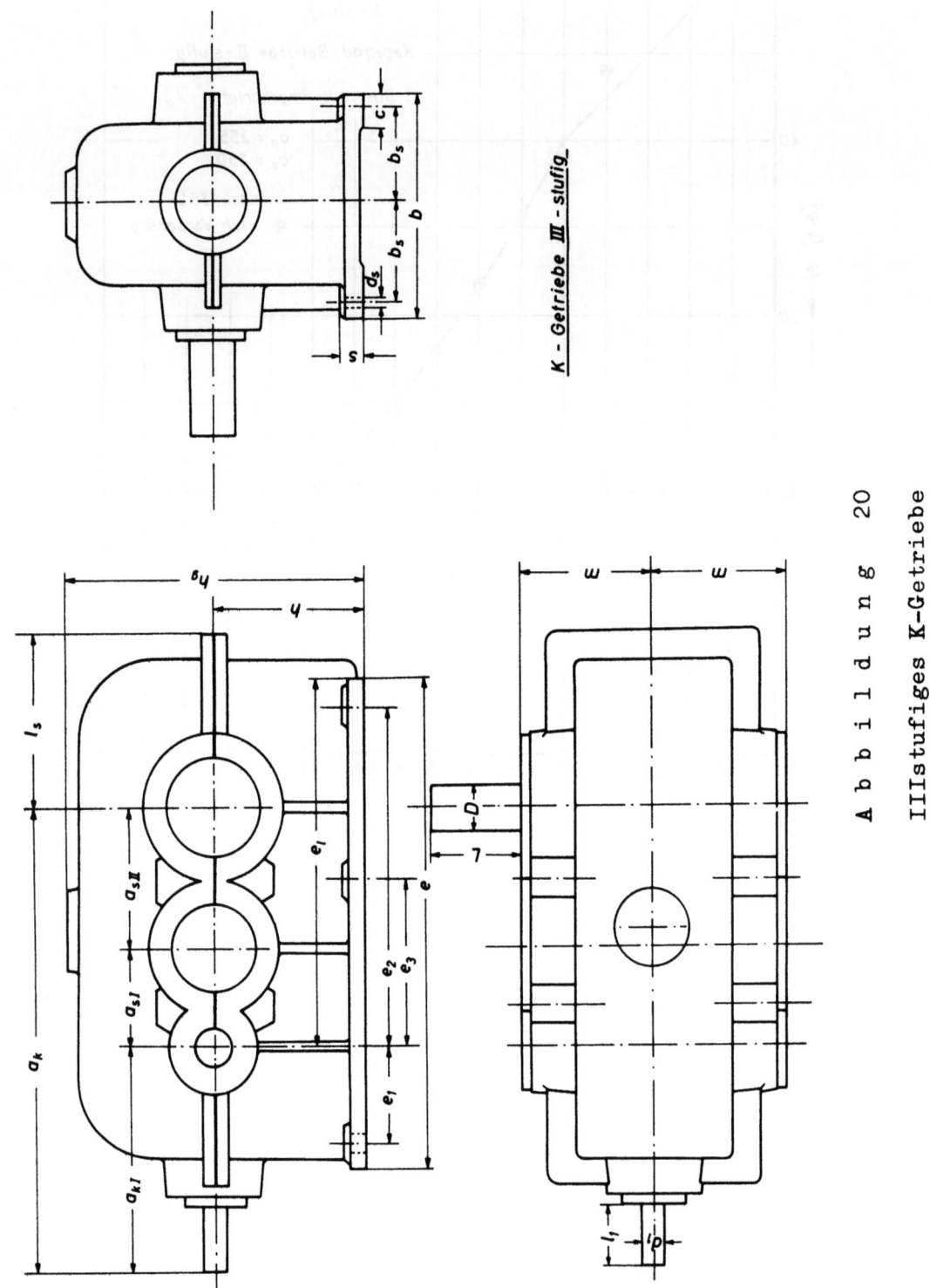

Abbildung 20
IIIstufiges K-Getriebe

# FORSCHUNGSBERICHTE
# DES LANDES NORDRHEIN-WESTFALEN

Herausgegeben durch das Kultusministerium

FERTIGUNG

HEFT 11
*Laboratorium für Werkzeugmaschinen und Betriebslehre, Technische Hochschule Aachen*
1. Untersuchungen über Metallbearbeitung im Fräsvorgang mit Hartmetallwerkzeugen und negativem Spanwinkel
2. Weiterentwicklung des Schleifverfahrens für die Herstellung von Präzisionswerkstücken unter Vermeidung hoher Temperaturen
3. Untersuchung von Oberflächenveredlungsverfahren zur Steigerung der Belastbarkeit hochbeanspruchter Bauteile
*1953, 80 Seiten, 61 Abb., DM 15,75*

HEFT 47
*Prof. Dr.-Ing. K. Krekeler, Aachen*
Versuche über die Anwendung der induktiven Erwärmung zum Sintern von hochschmelzenden Metallen sowie zur Anlegierung und Vergütung von aufgespritzten Metallschichten mit dem Grundwerkstoff
*1954, 66 Seiten, 39 Abb., 11 Tabellen, DM 13,90*

HEFT 53
*Prof. Dr.-Ing. H. Opitz, Aachen*
Reibwert und Verschleißmessungen an Kunststoffgleitführungen für Werkzeugmaschinen
*1954, 38 Seiten, 18 Abb., DM 8,20*

HEFT 66
*Dr.-Ing. P. Füsgen VDI †, Düsseldorf*
Untersuchungen über das Auftreten des Ratterns bei selbsthemmenden Schneckengetrieben und seine Verhütung
*1954, 32 Seiten, 5 Abb., DM 6,60*

HEFT 86
*Prof. Dr.-Ing. H. Opitz, Aachen*
Untersuchungen über das Fräsen von Baustahl sowie über den Einfluß des Gefüges auf die Zerspanbarkeit
*1954, 108 Seiten, 73 Abb., 7 Tabellen, DM 22,—*

HEFT 99
*Prof. Dr. G. Garbotz, Aachen*
Der Kraft- und Arbeitsaufwand sowie die Leistungen beim Biegen von Bewehrungsstählen in Abhängigkeit von den Abmessungen, den Formen und der Güte der Stähle (Ermittlung von Leistungsrichtlinien)
*1955, 136 Seiten, 53 Abb., 3 Anlagen, 18 Tabellen, DM 30,—*

HEFT 101
*Prof. Dr.-Ing. H. Opitz, Aachen*
Wirtschaftlichkeitsbetrachtungen beim Außenrundschleifen
*1955, 100 Seiten, 56 Abb., 3 Tabellen, DM 19,30*

HEFT 112
*Prof. Dr.-Ing. H. Opitz, Aachen*
Verschleißmessungen beim Drehen mit aktivierten Hartmetallwerkzeugen
*1954, 44 Seiten, 17 Abb., 6 Tabellen, DM 8,80*

HEFT 135
*Prof. Dr.-Ing. K. Krekeler und Dr.-Ing. H. Peukert, Aachen*
Die Änderung der mechanischen Eigenschaften thermoplastischer Kunststoffe durch Warmrecken
*1955, 54 Seiten, 27 Abb., DM 11,10*

HEFT 207
*Prof. Dr.-Ing. H. Opitz, Dipl.-Ing. K. H. Fröhlich und Dipl.-Ing. H. Siebel, Aachen*
Richtwerte für das Fräsen von unlegierten und legierten Baustählen mit Hartmetall. I. Teil
*1956, 48 Seiten, 27 Abb., 3 Tabellen, DM 11,10*

HEFT 215
*Prof. Dr.-Ing. H. Opitz und Dr.-Ing. G. Weber, Aachen*
Einfluß der Wärmebehandlung von Baustählen auf Spanentstehung, Schnittkraft- und Standzeitverhalten
*1956, 70 Seiten, 30 Abb., 11 Tabellen, DM 18,40*

HEFT 232
*Prof. Dr.-Ing. O. Kienzle, Hannover und Dr.-Ing. H. Münnich, Schweinfurt*
Feststellung der Spannungen und Dehnungen und Bruchdrehzahlen der unter Fliehkraft und Bearbeitungskraft beanspruchten Schleifkörper
*1957, 130 Seiten, 67 Abb., 12 Tabellen, DM 31,35*

HEFT 245
*Prof. Dr.-Ing. habil. K. Krekeler, Aachen*
Das Verbinden von Metallen durch Kunstharzkleber. Teil I: Eigenschaften und Verwendung der Metallklebstoffe
*1956, 48 Seiten, 8 Abb., DM 10,25*

HEFT 246
*Prof. Dr.-Ing. habil. K. Krekeler, Aachen*
Das Verbinden von Metallen durch Kunstharzkleber. Teil II: Untersuchungen an geklebten Leichtmetall-Verbindungen
*1956, 80 Seiten, 40 Abb., DM 17,50*

HEFT 262
*Dr.-Ing. W. Batel, Aachen*
Untersuchungen zur Absiebung feuchter, feinkörniger Haufwerke und Schwingsieben
*1956, 90 Seiten, 45 Abb., 22 Diagramme, 5 Tabellen DM 23,40*

HEFT 271
*Prof. Dr.-Ing. H. Opitz und Dipl.-Ing. H. Axer, Aachen*
Beeinflussung des Verschleißverhaltens bei spanenden Werkzeugen durch flüssige und gasförmige Kühlmittel und elektrische Maßnahmen
*1956, 46 Seiten, 28 Abb., DM 10,70*

HEFT 284
*Prof. Dr. F. Wever, Düsseldorf, Dr.-Ing. H. J. Wiester, Essen, Dr.-Ing. F. W. Straßburg, Duisburg, Prof. Dr.-Ing. H. Opitz, Aachen und Dr.-Ing. K. H. Fröhlich, Köln*
Einfluß des Gefüges auf die Zerspanbarkeit von Einsatz- und Vergütungsstählen
*1957, 88 Seiten, 126 Abb., 11 Tabellen, DM 22,45*

HEFT 287
*Prof. Dr.-Ing. habil. K. Krekeler, Aachen*
Änderungen der mechanischen Eigenschaftswerte thermoplastischer Kunststoffe bei Beanspruchung in verschiedenen Medien
*1956, 62 Seiten, 23 Abb., 5 Tabellen, DM 13,70*

HEFT 288
*Dr. K. Brücker-Steinkuhl, Düsseldorf*
Anwendung mathematisch-statischer Verfahren in der Industrie
*1956, 103 Seiten, 27 Abb., 14 Tabellen, DM 24,20*

HEFT 295
*Prof. Dr.-Ing. H. Opitz und Dipl.-Ing. H. Axer, Aachen*
Untersuchung und Weiterentwicklung neuartiger elektrischer Bearbeitungsverfahren
*1956, 42 Seiten, 27 Abb., DM 10,30*

HEFT 296
*Prof. Dr.-Ing. H. Opitz, Aachen*
I. Untersuchungen an elektronischen Regelantrieben
II. Statische Untersuchungen zur Ausnutzung von Drehbänken
*1956, 46 Seiten, 18 Abb., DM 10,40*

HEFT 304
*Prof. Dr.-Ing. K. Krekeler, Düsseldorf und Dipl.-Ing. A. Kieine-Albers, Aachen*
Beitrag zur thermoelastischen Warmformbarkeit von Hart-PVC
*1957, 72 Seiten, 29 Abb., DM 17,70*

HEFT 320
*Dr. H.-E. Caspary, Köln*
Verwendung von Szintillationszählern an Stelle von Zählrohren zur zerstörungsfreien Materialprüfung
*1956, 42 Seiten, 13 Abb., 2 Tabellen, DM 10,10*

HEFT 324
*Prof. Dr.-Ing. H. Opitz, Priv.-Doz. Dr.-Ing. E. Saljé und Dipl.-Ing. K. E. Schwartz, Aachen*
Richtwerte für das Außenrund-Längs- und Einstechschleifen
*1956, 62 Seiten, 44 Abb., 2 Tabellen, DM 13,85*

HEFT 327
*Prof. Dr.-Ing. habil. K. Krekeler und Dr.-Ing. H. Peukert, Aachen*
Beitrag zur thermoelastischen Formbarkeit von Polyäthylen
*1956, 56 Seiten, 49 Abb., 9 Tabellen, DM 12,80*

HEFT 350
*Prof. Dr.-Ing. habil. K. Krekeler und Dr.-Ing. H. Peukert, Aachen*
Das Spannungsverhalten der Kunststoffe bei der Verarbeitung
*1958, 24 Seiten, 12 Abb., DM 20,—*

HEFT 351
*Prof. Dr.-Ing. H. Opitz, Dipl.-Ing. H. Axer und Dipl.-Ing. H. Rhode, Aachen*
Zerspanbarkeit hochwarmfester und nichtrostender Stähle. Teil I
*1957, 96 Seiten, 73 Abb., 2 Tabellen, DM 21,80*

HEFT 385
*Prof. Dr.-Ing. H. Opitz, Dr. Ing. H. Axer und Dipl.-Ing. H. Rohde, Aachen*
Zerspanbarkeit hochwarmfester und nichtrostender Stähle. Teil II
*1957, 86 Seiten, 54 Abb., 5 Tabellen, DM 19,30*

HEFT 386
*Prof. Dr.-Ing. H. Opitz und Dipl.-Ing. O. Hake, Aachen*
Standzeituntersuchungen und Verschleißmessungen mit radioaktiven Isotopen
*1958, 36 Seiten, 33 Abb., 3 Tabellen, DM 12,75*

HEFT 395
*Dipl.-Ing. L. Hahn, Clausthal-Zellerfeld*
Untersuchungen zur Frage des optimalen Bohrloch- und Patronendurchmessers
*1957, 132 Seiten, 49 Abb., 19 Tabellen, DM 31,25*

HEFT 405
*Prof. Dr.-Ing. H. Opitz und Dipl.-Ing. H. Schuler, Aachen*
Untersuchungen für einen Wirtschaftlichkeitsvergleich der Feinbearbeitungsverfahren
*1958, 72 Seiten, 43 Abb., DM 17,90*

HEFT 406
*W. Kirsch, Chemieprodukte GmbH., Leverkusen-Rheindorf*
Entwicklungsarbeiten auf dem Gebiete des Korrosionsschutzes und der Abdichtung
*1957, 76 Seiten, 28 Abb., 11 Tabellen, DM 19,—*

HEFT 408
*Prof. Dr. phil. F. Wever, Dr.-Ing. W. Lueg und Dr.-Ing. H. G. Müller, Düsseldorf*
Kraft- und Arbeitsbedarf beim Warmscheren von Stahl in Abhängigkeit von Temperatur und Schnittgeschwindigkeit
*1957, 46 Seiten, 15 Abb., 3 Tabellen, DM 11,35*

**HEFT 413**
*Prof. Dr.-Ing. H. Opitz, Dipl.-Ing. H. Siebel und Dipl.-Ing. R. Fleck, Aachen*
Richtwerte für das Fräsen von unlegierten und legierten Baustählen mit Hartmetall, Teil II
*1957, 56 Seiten, 35 Abb., 4 Tabellen, DM 14,40*

**HEFT 426**
*Prof. Dr.-Ing. H. Opitz und Dipl.-Ing. W. Scholz, Aachen*
Untersuchungen über den Räumvorgang
*1957, 74 Seiten, 36 Abb., 7 Tabellen, DM 16,55*

**HEFT 447**
*Prof. Dr.-Ing. F. Bollenrath, Aachen, Dr.-Ing. H. Füllenbach, Seesen/Harz und Dipl.-Ing. J. Schumacher, Neubeckum/Westf.*
Entwicklung rationell arbeitender Spritzkabinen
*1958, 44 Seiten, 26 Abb., DM 13,55*

**HEFT 465**
*Dr.-Ing. R. Koch, Köln*
Amerikanische Fertigungsunterlagen und ihre Werkstattreifmachung für deutsche Betriebe
*1958, 54 Seiten, 19 Abb., DM 17,35*

**HEFT 474**
*Dr.-Ing. R. Ibing und Dipl.-Ing. G. Meier, Hannover*
Eichung und Entwicklung von Staubentnahmesonden
*1958, 32 Seiten, 9 Abb., 2 Tabellen, DM 8,65*

**HEFT 520**
*Prof. Dr.-Ing. H. Opitz, Dipl.-Ing. H. Obrig und Dipl.-Ing. P. Kips, Aachen*
Untersuchung neuartiger elektrischer Bearbeitungsverfahren
*1958, 44 Seiten, 35 Abb., 2 Tabellen, DM 14,70*

**HEFT 521**
*Prof. Dr.-Ing. H. Opitz und Dipl.-Ing. K. E. Schwartz, Aachen*
Das Abrichten von Schleifscheiben mit Diamanten
*1958, 72 Seiten, 34 Abb., 3 Tabellen, DM 17,15*

**HEFT 570**
*Prof. Dr.-Ing. habil. K. Krekeler, Dr.-Ing. H. Peukert und Dipl.-Ing. O. Schwarz, Aachen*
Kerbempfindlichkeit thermoplastischer Kunststoffe abhängig von der Kerbform und der Beanspruchungstemperatur
*1958, 40 Seiten, 24 Abb., 12 Tabellen, DM 13,30*

**HEFT 603**
*Prof. Dr.-Ing. L. Engel und Dr.-Ing. J. Foerster, Clausthal-Zellerfeld*
Gummielastische Stoffe als Dämpfungselemente an schlagenden Werkzeugen
*1959, 48 Seiten, 36 Abb., DM 14,70*

**HEFT 605**
*Ing. L. Bommes, M.-Gladbach*
Bestimmung von Leistung und Wirkungsgrad eines Ventilators
*1958, 46 Seiten, 29 Abb., 3 Tabellen, DM 12,60*

**HEFT 638**
*Prof. Dr.-Ing. H. Opitz, Dr.-Ing. H. Schuler und Dipl.-Ing. P.-H. Brammertz, Düsseldorf*
Die Werkstückgüte beim Feindrehen und Feinschleifen und ihr Einfluß auf die Fertigungskosten
*1958, 46 Seiten, 29 Abb., DM 12,80*

**HEFT 643**
*Max-Planck-Institut für Silikatforschung, Würzburg*
Spannungsmessungen an Schleifkörpern
*1958, 38 Seiten, 22 Abb., DM 11,70*

**HEFT 664**
*Dr. phil. habil. P. Hölemann und Ing. R. Hasselmann, Düsseldorf-Reisholz*
Die Bestimmung der Gasausbeute von Karbid
*1958, 22 Seiten, 3 Abb., 5 Tabellen, DM 6,70*

**HEFT 666**
*Prof. Dr.-Ing. K. Krekeler, Dr.-Ing. H. Peukert und Dipl.-Ing. B. Frerichmann, Aachen*
Die Infraroterwärmung an thermoplastischen Kunststoffen
*1959, 82 Seiten, 77 Abb., 5 Tabellen, DM 22,60*

**HEFT 693**
*Prof. Dr.-Ing. O. Kienzle, Hannover*
Einige Untersuchungen über das Schneiden von Blechen
*1959, 56 Seiten, 54 Abb., 3 Tabellen, DM 17,40*

**HEFT 707**
*Prof. Dr.-Ing. habil. K. Krekeler und Dipl.-Ing. H. Verhoeven, Aachen*
Untersuchungen über Bolzenschweißverfahren

**HEFT 708**
*Prof. Dr.-Ing. habil. K. Krekeler, Dr.-Ing. H. Peukert und Dipl.-Ing. J. Zähren, Aachen*
Die Schweißbarkeit weicher Kunststoff-Schaumstoffe
*1959, 34 Seiten, 28 Abb., 3 Tabellen, DM 10,90*

**HEFT 745**
*Prof. Dr.-Ing. W. Batel, Aachen*
Über die Zerkleinerung zwischen Mahlhilfskörpern in Schwing- und Rohrmühlen und über die Kennzeichnung und Analyse des Mahlgutes
*1959, 94 Seiten, DM 27,30*

**HEFT 747**
*Dr.-Ing. G. Seulen und Ing. H. Geisel, Düsseldorf*
Ermittlung der Einhärtungstiefen beim Induktionshärten mit einer Frequenz von 10 kHz
*1959, 26 Seiten, 19 Abb., 2 Tabellen DM 7,90*

**HEFT 764**
*Prof. Dr.-Ing. H. Opitz, Dr.-Ing. H. Siebel und Dipl.-Ing. R. Fleck, Aachen*
Keramische Schneidstoffe
*1959, 30 Seiten, 18 Abb., DM 9,80*

**HEFT 770**
*Dr.-Ing. R. Bressler, Leverkusen*
Untersuchung des Wärmeüberganges in einem Dünnschichtverdampfer

**HEFT 771**
*Dr.-Ing. B. Hille, Aachen*
Die Veränderungen des Kornaufbaues während des Betriebsablaufes beim Aufbereiten von bituminösem Mischgut

**HEFT 775**
*Prof. Dr.-Ing. H. Opitz*
Automatische Erfassung der Maßabweichung der Werkstücke zum Zweck der selbständigen Korrektur der Maschine
*1959, 38 Seiten, 27 Abb., DM 11,40*

**HEFT 777**
*Prof. Dr.-Ing. H. Opitz und Dipl.-Ing. P.-H. Brammertz, Aachen*
Werkstückgüte und Fertigkeitskosten beim Innen-Feindrehen und Außenrund-Einsteckschleifen
*1959, 92 Seiten, 68 Abb., DM 25,30*

**HEFT 788**
*Prof. Dr.-Ing. Herwart Opitz, Aachen*
Der Einsatz radioaktiver Isotope bei Zerspannungsuntersuchungen   *1959, 36 Seiten, 23 Abb., DM 11,30*

**HEFT 806**
*Prof. Dr.-Ing. H. Opitz u. a., Aachen*
Untersuchungen von Zahnradgetrieben und Zahnradbearbeitungsmaschinen
*1960, 95 Seiten, 81 Abb., DM 29,30*

**HEFT 809**
*Prof. Dr.-Ing. H. Opitz und Dipl.-Ing. H. H. Herold, Aachen*
Untersuchung von elektro-mechanischen Schaltelementen
*1960, 35 Seiten, 16 Abb., DM 11,—*

**HEFT 810**
*Prof. Dr.-Ing. H. Opitz und Dr.-Ing. N. Maas, Aachen*
Das dynamische Verhalten von Lastschaltgetrieben
*1960, 97 Seiten, 77 Abb., DM 29,50*

**HEFT 812**
*Prof. Dr.-Ing. O. Kienzle und Dipl.-Ing. K. Mietzner, Hannover, im Auftrage der VDI-Fachgruppe „Betriebstechnik", Düsseldorf*
Die mikrogeometrischen Veränderungen der Oberfläche beim kalten Umformen
*1960, 47 Seiten, 38 Abb., DM 16,60*

**HEFT 820**
*Prof. Dr.-Ing. H. Opitz, Dipl.-Ing. H. Rohde und Dipl.-Ing. W. König, Aachen*
Untersuchungen der Spanformung durch Spanbrecher beim Drehen mit Hartmetallwerkzeugen
*1960, 35 Seiten, 16 Abb., DM 15,80*

**HEFT 830**
*Prof. Dr.-Ing. H. Opitz und Dipl.-Ing. W. Backé, Aachen*
Automatisierung des Arbeitsablaufes in der spanabhebenden Fertigung
*1960, 43 Seiten, 39 Abb., DM 14,60*

**HEFT 831**
*Prof. Dr.-Ing. H. Opitz, Dr.-Ing. H.-G. Rohs und Dr.-Ing. G. Stute, Aachen*
Statistische Untersuchungen über die Ausnutzung von Werkzeugmaschinen in der Einzel- und Massenfertigung
*1960, 38 Seiten, 32 Abb., DM 13,—*

**HEFT 864**
*Prof. Dr.-Ing. H. Opitz, Aachen*
Funkenarbeit und Bearbeitungsergebnis bei der funkenerosiven Bearbeitung
*1960, 44 Seiten, 19 Abb., DM 13,60*

**HEFT 894**
*Dr.-Ing. W. Lindner, Hagen (Westf.)*
Vorschlag zur Vereinheitlichung der Hauptabmessungen an handelsüblichen Zahnradgetrieben

**HEFT 898**
*Prof. Dr.-Ing. H. Opitz und Dipl.-Ing. de Jong, Aachen*
Untersuchung von Zahnradgetrieben und Zahnradbearbeitungsmaschinen in Zusammenarbeit mit der Industrie
*In Vorbereitung*

**HEFT 900**
*Prof. Dr.-Ing. H. Opitz, Aachen*
Automatisierung der Werkzeugmaschine für die spanabhebende Bearbeitung

**HEFT 901**
*Prof. Dr.-Ing. H. Opitz, Aachen*
Lebensdauerprüfung von Zahnradgetrieben

**HEFT 905**
*Prof. Dr.-Ing. F. Kollmann*
Untersuchung der wichtigeren Gebrauchseigenschaften von kunstharzbeschichteten Holzfaser- und Holzspanplatten
*In Vorbereitung*

---

Ein Gesamtverzeichnis der Forschungsberichte, die folgende Gebiete umfassen, kann bei Bedarf vom Verlag angefordert werden:

Acetylen / Schweißtechnik – Arbeitspsychologie und -wissenschaft – Bau / Steine / Erden – Bergbau – Biologie – Chemie – Eisenverarbeitende Industrie – Elektrotechnik / Optik – Fahrzeugbau / Gasmotoren – Farbe / Papier / Photographie – Fertigung – Gaswirtschaft – Hüttenwesen / Werkstoffkunde – Luftfahrt / Flugwissenschaften – Maschinenbau – Medizin / Pharmakologie / Physiologie – NE-Metalle – Physik – Schall / Ultraschall – Schiffahrt – Textiltechnik / Faserforschung / Wäschereiforschung – Turbinen – Verkehr – Wirtschaftswissenschaften.

MIX
Papier aus verantwortungsvollen Quellen
Paper from responsible sources
FSC® C105338

If you have any concerns about our products,
you can contact us on
**ProductSafety@springernature.com**

In case Publisher is established outside the EU,
the EU authorized representative is:
**Springer Nature Customer Service Center GmbH**
**Europaplatz 3, 69115 Heidelberg, Germany**

Printed by Libri Plureos GmbH
in Hamburg, Germany